TCC para Ciências Exatas

Trabalho de Conclusão de Curso com Exemplos Práticos

O GEN | Grupo Editorial Nacional, a maior plataforma editorial no segmento CTP (científico, técnico e profissional), publica nas áreas de saúde, ciências exatas, jurídicas, sociais aplicadas, humanas e de concursos, além de prover serviços direcionados a educação, capacitação médica continuada e preparação para concursos. Conheça nosso catálogo, composto por mais de cinco mil obras e três mil e-books, em www.grupogen.com.br.

As editoras que integram o GEN, respeitadas no mercado editorial, construíram catálogos inigualáveis, com obras decisivas na formação acadêmica e no aperfeiçoamento de várias gerações de profissionais e de estudantes de Administração, Direito, Engenharia, Enfermagem, Fisioterapia, Medicina, Odontologia, Educação Física e muitas outras ciências, tendo se tornado sinônimo de seriedade e respeito.

Nossa missão é prover o melhor conteúdo científico e distribuí-lo de maneira flexível e conveniente, a preços justos, gerando benefícios e servindo a autores, docentes, livreiros, funcionários, colaboradores e acionistas.

Nosso comportamento ético incondicional e nossa responsabilidade social e ambiental são reforçados pela natureza educacional de nossa atividade, sem comprometer o crescimento contínuo e a rentabilidade do grupo.

TCC para Ciências Exatas

Trabalho de Conclusão de Curso com Exemplos Práticos

Eliena Jonko Birriel

Doutora em Ciência e Tecnologia dos Materiais
Professora Adjunta do Centro de Ciências Exatas e da Tecnologia
Universidade de Caxias do Sul

Anna Celia Silva Arruda

Doutora em Química Analítica
Professora Adjunta do Centro de Ciências Exatas e da Tecnologia
Universidade de Caxias do Sul

As autoras e a editora empenharam-se para citar adequadamente e dar o devido crédito a todos os detentores dos direitos autorais de qualquer material utilizado neste livro, dispondo-se a possíveis acertos caso, inadvertidamente, a identificação de algum deles tenha sido omitida.

Não é responsabilidade da editora nem das autoras a ocorrência de eventuais perdas ou danos a pessoas ou bens que tenham origem no uso desta publicação.

Apesar dos melhores esforços das autoras, do editor e dos revisores, é inevitável que surjam erros no texto. Assim, são bem-vindas as comunicações de usuários sobre correções ou sugestões referentes ao conteúdo ou ao nível pedagógico que auxiliem o aprimoramento de edições futuras. Os comentários dos leitores podem ser encaminhados à **LTC — Livros Técnicos e Científicos Editora** pelo e-mail ltc@grupogen.com.br.

Direitos exclusivos para a língua portuguesa
Copyright © 2017 by
LTC — Livros Técnicos e Científicos Editora Ltda.
Uma editora integrante do GEN | Grupo Editorial Nacional

Reservados todos os direitos. É proibida a duplicação ou reprodução deste volume, no todo ou em parte, sob quaisquer formas ou por quaisquer meios (eletrônico, mecânico, gravação, fotocópia, distribuição na internet ou outros), sem permissão expressa da editora.

Travessa do Ouvidor, 11
Rio de Janeiro, RJ – CEP 20040-040
Tels.: 21-3543-0770 / 11-5080-0770
Fax: 21-3543-0896
ltc@grupogen.com.br
www.ltceditora.com.br

Capa: Thallys Bezerra
Imagem: ismagilov|IStockphoto
Editoração Eletrônica: Design Monnerat

CIP-BRASIL. CATALOGAÇÃO NA PUBLICAÇÃO
SINDICATO NACIONAL DOS EDITORES DE LIVROS, RJ

B524t

Birriel, Eliena Jonko
TCC para ciências exatas : trabalho de conclusão de curso com exemplos práticos / Eliena Jonko Birriel, Anna Celia Silva Arruda. - 1. ed. - Rio de Janeiro : LTC, 2017.
il. ; 23 cm.

Inclui bibliografia e índice
ISBN 978-85-216-3243-6

1. Pesquisa - Metodologia. 2. Redação técnica I. Título

16-34818   CDD: 808.066
                                          CDU: 808.1

Ao Paulo e à Júlia, que são a minha fonte de inspiração!
Eliena Jonko Birriel

À minha filha Caroline, que trouxe luz e alegria à minha vida e vem me ensinando a ser uma pessoa cada vez melhor.
Anna Celia Silva Arruda

Agradecimentos

Este livro é o resultado da experiência adquirida de orientar e coordenar a disciplina Trabalho de Conclusão de Curso. Portanto, gostaríamos de agradecer a todos os alunos, hoje engenheiros de diversas áreas, que vieram com sua vivência, experiências, seu modo particular de encarar os desafios propostos e também suas dificuldades. Todas essas contribuições enriqueceram nosso aprendizado e serviram de inspiração para a realização desta obra.

Aos colegas professores, que compartilharam conosco sua visão única de investigação e criteriosa avaliação dos trabalhos de conclusão de curso (TCCs) e contribuíram efetivamente para o desenvolvimento do espírito crítico necessário para a realização dessa atividade.

Prefácio

Nosso objetivo com este livro é apresentar um guia para professores e alunos que, de forma simples e direcionada para a área das ciências exatas, contemple as etapas necessárias para a elaboração do TCC. Desse modo, o Capítulo 1 mostra aos alunos que, apesar de não se darem conta, muitas vezes a ideia do trabalho já existe como um diamante bruto que precisa ser lapidado. Para o bom andamento do trabalho, mostram-se as delimitações das obrigações dos alunos e orientadores.

Antes de iniciar a monografia, é importante o planejamento das atividades, que envolve determinar os objetivos e a formulação de hipóteses para definir o plano experimental e a obtenção de resultados. Essas informações servem de alicerce para a construção do cronograma adequado ao prazo estipulado para o desenvolvimento do TCC.

Na apresentação de cada seção do Capítulo 2, são fornecidas orientações técnicas para a redação, seguidas de um esboço com a disposição dos elementos referentes à parte pré-textual da monografia.

O Capítulo 3 descreve como elaborar a parte textual da monografia, orientando em relação à redação, à busca de fontes preconizadas para as referências bibliográficas e também às conexões entre os objetivos, referencial teórico, metodologia, resultados e discussão e conclusão.

O Capítulo 4 traz os aspectos relevantes em relação à apresentação oral do TCC, desde a postura do aluno, passando pela dinâmica que caracteriza a seção até a arguição e avaliação dos membros da banca.

No Capítulo 5, foram abordados os sentimentos que afloram no acadêmico pós-TCC sob o ponto de vista da psicologia, com o intuito de ajudá-lo a lidar da melhor maneira possível com as emoções peculiares a essa etapa de sua vida.

Apresentação

A relevância do TCC para a formação dos diferentes profissionais é indiscutível. Trata-se de um trabalho único, fruto dos estudos e das experiências desenvolvidos pelo acadêmico durante o curso.

De acordo com o que estabelecem as "Diretrizes gerais para os trabalhos de conclusão de curso de graduação" da Universidade de Caxias do Sul (UCS, 2008):

> O Trabalho de Conclusão de Curso de Graduação — TCC constitui-se em um trabalho acadêmico técnico-científico, com abrangência interdisciplinar, desenvolvido mediante coordenação, orientação e avaliação docentes. Integra o processo formativo do aluno e representa um momento de sistematização dos conhecimentos e explicitação da aprendizagem, necessário para a integralização do curso.

A partir dessa citação, destaca-se a importância de planejar e desenvolver o TCC sob a ótica do processo gradativo e sistemático de construção desse importante trabalho na vida dos acadêmicos. Assim, este livro, resultante dos esforços despendidos na estruturação da disciplina Trabalho de Conclusão do Curso de Engenharia Química da Universidade de Caxias do Sul apresenta as diferentes etapas desse processo (que se inicia com a definição do tema e do orientador até a apresentação do trabalho para uma banca de avaliação e redação final do texto contendo as contribuições dos avaliadores).

Com essa finalidade, o livro foi estruturado em cinco capítulos: "Iniciando o trabalho de conclusão de curso", "Escrevendo a parte pré-textual do TCC", "Escrevendo a parte textual do TCC", "Apresentando e avaliando o TCC" e "Encerrando o TCC".

O Capítulo 1 trata da definição do tema, do orientador, das competências e responsabilidades do orientando e do professor orientador, do planejamento de construção do trabalho (cronograma físico das etapas a serem desenvolvidas), da problematização do estudo (definição do problema a ser investigado e hipóteses relacionadas), da definição do objetivo geral e específicos e do planejamento experimental.

No Capítulo 2 encontra-se a estrutura do trabalho acadêmico, de acordo com as normas da Associação Brasileira de Normas Técnicas (ABNT). Destaca-se a preocupação das autoras com a apresentação de diferentes exemplos utilizados na engenharia para elucidar as diferentes etapas do trabalho.

Na sequência, o Capítulo 3 apresenta como escrever o texto: a introdução, a importância da justificativa, como definir objetivos, o referencial teórico (que contemple o que de fato é importante para contextualizar nos resultados do estudo), como fazer citações e referências bibliográficas, aspectos a serem observados na metodologia, a redação dos resultados e a conclusão. E, por último, o destaque para proposições de novos estudos, no sentido de evidenciar a importância da continuidade da investigação para preencher lacunas existentes sobre o problema desenvolvido.

O Capítulo 4 dedica-se à explicitação da avaliação do TCC: do processo de construção das atividades solicitadas pelo coordenador e orientador, da banca examinadora e do texto final a ser entregue para a coordenação. São destacadas nessa parte do livro as possibilidades de publicação em periódicos e eventos científicos que decorrem de um TCC. Pode-se afirmar que essa etapa culmina com o objetivo maior: produzir e socializar o conhecimento.

O Capítulo 5 faz uma reflexão sobre os sentimentos que podem invadir parte dos estudantes ao término da graduação, os quais geralmente são vivenciados após a apresentação do TCC.

As contribuições aqui apresentadas pelas autoras indicam que há várias etapas/possibilidades de construção de um TCC, a testar, a avaliar e a aperfeiçoar, no sentido de oferecer aos acadêmicos, principalmente dos cursos de engenharia, referenciais importantes para o planejamento de seus próprios trabalhos de final de curso.

Professora doutora Suzana Maria de Conto
Centro de Ciências Exatas e da Tecnologia
Universidade de Caxias do Sul (UCS)

Sumário

Capítulo 1   Iniciando o trabalho de conclusão de curso   **1**

1.1 Definição do orientador   3
     1.1.1 Competências do orientador, coordenador e aluno   3
1.2 Escolha do tema   4
1.3 Cronograma   6
1.4 Hipóteses   6
1.5 Exemplo de plano de trabalho   7
     1.5.1 Tema   7
     1.5.2 Problema da investigação   7
     1.5.3 Objetivos   7
     1.5.4 Hipóteses   7
1.6 Planejamento experimental   8
     1.6.1 Experimentos com apenas um fator — ANOVA one-way   8
     1.6.2 Montagem da tabela ANOVA   11
     1.6.3 Comparação múltipla de médias   12
     1.6.4 Experimentos com vários fatores — fatoriais e 2^k 13
     1.6.5 Planejamento fatorial 2^k 17

Capítulo 2   Escrevendo a parte pré-textual do TCC   **21**

2.1 Introdução   22
2.2 Capa   22
     2.2.1 Título   24
2.3 Parte pré-textual   25
     2.3.1 Folha de rosto   25
     2.3.2 Folha de aprovação   25
     2.3.3 Dedicatória   28
     2.3.4 Agradecimentos   28
     2.3.5 Resumo na língua vernácula   28
     2.3.6 Resumo em língua estrangeira   30
     2.3.7 Lista de ilustrações   30
     2.3.8 Lista de tabelas   31
     2.3.9 Lista de abreviaturas, siglas e símbolos   33
     2.3.10 Sumário   34

Capítulo 3   Escrevendo a parte textual do TCC   **37**

3.1 Introdução   38
3.2 Como definir os objetivos geral e específicos   39
    3.2.1 Objetivo geral   39
    3.2.2 Objetivos específicos   39
3.3 Referencial teórico (desenvolvimento teórico ou revisão bibliográfica)   40
3.4 Como escrever, como referenciar   42
    3.4.1 Como não escrever   43
3.5 Metodologia (materiais e métodos)   44
    3.5.1 Materiais   44
    3.5.2 Métodos   45
3.6 Resultados e discussão   48
3.7 Conclusão   49
3.8 Sugestões para futuros trabalhos   50
3.9 Referências   51
3.10 Anexos e apêndices   53

Capítulo 4   Apresentando e avaliando o TCC   **55**

4.1 Avaliação do processo de construção do TCC   56
4.2 Sessão da apresentação do TCC   56
    4.2.1 Banca avaliadora   56
    4.2.2 Apresentação do TCC   57
    4.2.3 Roteiro de apresentação   58
    4.2.4 Avaliação   67
    4.2.5 Publicações pós-término do TCC   68

Capítulo 5   Encerrando o TCC   **69**

5.1 Sentimentos ocultos em relação ao TCC   70
    5.1.1 Rito de passagem   70
    5.1.2 Grupo de pares e o papel na formação da identidade e individuação   71
    5.1.3 Fatores internos e externos implicados no processo da independência   71
    5.1.4 TCC: gestação e desapego   73

Referências   **75**

Índice   **79**

1
Iniciando o trabalho de conclusão de curso

em colaboração com Aline Dettmer

A realização do trabalho de conclusão de curso (TCC) ocorre normalmente nos últimos dois semestres dos cursos de graduação, porém a ideia do trabalho a ser realizado pode vir amadurecendo desde o início do curso, quando o aluno entra em contato com as competências e habilidades do futuro profissional. Geralmente, nos cursos que englobam as ciências exatas, a maioria dos alunos divide-se em dois grandes grupos: os que atuam em empresas e os que atuam em projetos de iniciação científica ou estágios nas instituições de ensino superior (IES). Aqueles que atuam em empresas devem estar atentos às oportunidades que surgem dentro do próprio ambiente de trabalho, iniciando, dessa forma, um histórico que poderá servir de tema para sua investigação no TCC.

O aluno que não trabalha em uma empresa relacionada com as ciências exatas também pode encontrar oportunidades em outras áreas, como segurança do trabalho, meio ambiente (geração, segregação e destino final de resíduos comerciais e da área da saúde), modelagem, simulação, levantamento de dados junto a órgãos públicos e projetos abordando a utilização sustentável de recursos hídricos (captação, distribuição e abastecimento de águas), tratamento de efluentes (sólidos, líquidos e gasosos), entre outros. Já o aluno que está envolvido em projetos de iniciação científica ou estágios, dentro da própria IES, deve procurar se inserir no projeto de pesquisa que possibilite desenvolver o TCC. Dependendo da IES e do objetivo, o TCC na área das ciências exatas pode ser apresentado na forma de uma monografia, também chamada relatório de conclusão de curso (forma mais clássica), ou, ainda, na forma de um artigo científico.

1.1 Definição do orientador

Para a escolha do orientador, é importante que a IES divulgue os professores aptos a orientar, bem como suas linhas de atuação. A partir daí, o aluno deve escolher as áreas de interesse ou com as quais tenha afinidade e marcar entrevistas com os professores que atuam nelas. Cabe aos professores orientadores estabelecer as regras que norteiam seu grupo de pesquisa e considerar a exequibilidade da proposta apresentada pelo aluno. Depois da anuência de ambas as partes, é hora da escolha do tema.

1.1.1 Competências do orientador, coordenador e aluno

Entre as competências dos professores orientadores, podem-se citar:

a) orientar o aluno quanto à definição do tema, problema da investigação, objetivos geral e específicos, hipóteses e a relação de ensaios (metodologia) a serem executados;
b) supervisionar o desenvolvimento do trabalho, colaborando com sugestões, revisões de texto e correções, quando necessário, porém preservando a autonomia do aluno quanto à forma de se expressar (desde que atenda ao processo científico);
c) manter um registro de presença do aluno nos dias de orientação;
d) revisar a monografia, avaliando se os resultados e as conclusões estão relacionados com os objetivos propostos;
e) preparar o aluno para a apresentação à banca examinadora;
f) conduzir a sessão de apresentação do TCC;
g) preencher a ata com a nota da banca examinadora;
h) fazer a última revisão do trabalho, avaliando a capacidade do aluno de executar as sugestões recomendadas pela banca examinadora.

Entre as competências do coordenador, podem-se citar:

a) estabelecer a sistematização do processo de construção do TCC;
b) estabelecer prazos para as atividades desenvolvidas de acordo com o cronograma de atividades preestabelecido;
c) atribuir notas para as atividades desenvolvidas pelo aluno;
d) supervisionar o desenvolvimento do trabalho e a formatação do texto;
e) divulgar as notas parciais e a média final, bem como informar as notas para a IES.

Entre as competências dos alunos, podem-se relacionar:

a) dar anuência ao tema proposto e às regras de funcionamento do laboratório onde serão realizados os ensaios;
b) apresentar o cronograma de atividades a ser cumprido;
c) fazer a revisão bibliográfica, consultando a literatura científica, e apropriar-se de termos técnicos para a redação da monografia;
d) redigir as seções de introdução e a fundamentação teórica, executar a metodologia proposta, redigir as seções de metodologia, resultados e discussão, conclusão, sugestões para trabalhos futuros e referências bibliográficas;
e) redigir o texto segundo as normas atualizadas de ortografia;
f) comparecer em horário e local definidos para apresentar o andamento do trabalho em forma de texto, de acordo com o cronograma de atividades;
g) organizar todo o material obtido na forma de monografia ou artigo científico;
h) preparar a apresentação para a banca examinadora;
i) fazer as correções sugeridas pela banca examinadora no tempo determinado, de acordo com a avaliação do orientador;
j) entregar o resultado final dentro do prazo previsto para o setor competente.

1.2 Escolha do tema

O tema a ser abordado no TCC pode ser realizado na empresa onde o aluno trabalha ou na IES.

Em muitos casos, o aluno vem com certa expectativa de desenvolvimento de tema que não corresponde à realidade de um TCC. Por exemplo, uma proposta muito abrangente, que envolva a solução de um problema de longa data dentro de uma empresa, como o tratamento de efluentes complexos. Nesse caso, pode-se realizar um estudo focado em uma linha ou em alguns parâmetros do tratamento, como o cianeto, o cromo hexavalente, os óleos e as graxas, a saponificação, a matéria orgânica, só para citar alguns. Outro exemplo são os desempenhos de tintas que, para validar a aplicação de uma tinta ou sistema de pintura (que envolvem primer, tinta de acabamento, verniz e outros), são escolhidos alguns ensaios relevantes sobre o comportamento dessa tinta. Existe uma gama de ensaios que podem ser realizados. Depende da experiência do orientador delimitar os mais importantes e que permitam chegar a uma conclusão. Embora o aluno realize alguns ensaios ou parâmetros referentes a determinado tema, sempre há a possibilidade de enriquecer o trabalho com uma avaliação estatística dos dados obtidos. Esse estudo deve ser compatível com o tempo determinado para a realização do TCC.

Também podem ser citados exemplos de ensaios preconizados na literatura, que, portanto, não instigam novas investigações, pois já foram extensamente estudados.

Antes de propor o tema, o aluno deve consultar a literatura para verificar se existem normas ou patentes de invenção nacionais e/ou internacionais que já tenham parâmetros estabelecidos sobre determinado assunto. Nesse caso, não adianta propor um assunto, como minimizar a quantidade de reagentes ou resíduos gerados, comparando os resultados obtidos com soluções mais diluídas em relação àquelas preconizadas na literatura, uma vez que alguns órgãos de fiscalização estabelecem qual a metodologia aceita.

No caso de a parte experimental do TCC ser realizada na IES, devem ser levados em consideração os seguintes itens:

a) o trabalho deve estar inserido em uma das linhas de pesquisa de atuação dos professores da instituição;
b) o tema deverá ser facilmente encontrado na literatura corrente, pois o TCC é o produto final adquirido durante o curso de graduação, portanto a fundamentação teórica compreende desde a literatura clássica até o estado da arte;
c) o desenvolvimento do tema deve ser compatível com o número de créditos da disciplina e com a infraestrutura disponível para a realização da pesquisa, tanto laboratorial quanto bibliográfica e computacional;
d) quando possível, o aluno deverá dar continuidade ao trabalho que já vem desenvolvendo como iniciação científica ou área afim.

Se a parte experimental do TCC for realizada em uma empresa, geralmente o trabalho será direcionado para encontrar soluções para algum problema específico, como relacionado com a otimização de um processo ou a área ambiental, tal como gerenciamento de resíduos e International Organization for Standardization (ISO). Se necessário, algum ensaio pode ser complementado na IES. Entretanto, é relevante lembrar que o TCC é um trabalho acadêmico e deve ter seus resultados divulgados. Quando o trabalho for sigiloso e realizado dentro de uma empresa, pode-se fazer a apresentação para uma banca fechada, com termo de sigilo.

Independentemente de ser um trabalho sigiloso ou não, realizado na IES ou empresa, o TCC, por ser um trabalho acadêmico, deve ser formatado com base no método científico, seguindo normas preconizadas na literatura ou internas da IES (RUSSEL, 1994).

1.3 Cronograma

A confecção de um cronograma é um ótimo recurso que permite o balizamento das tarefas a serem executadas em determinado período, como exemplificado no Quadro 1.1.

Quadro 1.1 Cronograma de atividades

Atividades	Semestre 1					Semestre 2				
	Mês 1	Mês 2	Mês 3	Mês 4	Mês 5	Mês 1	Mês 2	Mês 3	Mês 4	Mês 5
Plano de trabalho	x									
Revisão bibliográfica	x	x	x	x	x	x	x	x		
Metodologia			x	x	x	x				
Resultados e discussão					x	x	x	x		
Conclusões							x	x		
Formatação da monografia		x	x	x	x	x	x	x		
Apresentação do trabalho									x	
Correções									x	
Entrega final do trabalho										x

1.4 Hipóteses

Uma das etapas mais importantes do trabalho de TCC é a elaboração de hipóteses. Uma vez definidas, servem para direcionar o trabalho e apontar as conclusões a serem obtidas. As hipóteses são sentenças declarativas nas quais a resposta corresponde à conclusão do trabalho. A seguir, será mostrado como exemplo um plano de trabalho que engloba a definição do tema e o problema de investigação, os objetivos geral e específicos e as hipóteses relacionados com esse tema. No Capítulo 3, serão apresentados, novamente, os objetivos geral e específicos, porém relacionados com as palavras-chave.

1.5 Exemplo de plano de trabalho

1.5.1 Tema

O tema deste trabalho é Tratamento de Superfícies.

1.5.2 Problema da investigação

A passivação de aços inoxidáveis é usualmente realizada por imersão em tanques que contêm ácidos, sendo a reposição feita sem nenhum controle específico. Portanto, a problemática decorrente dessa investigação será estabelecer como a concentração e o tipo de ácido interferem na passivação de aços inoxidáveis.

1.5.3 Objetivos

Este trabalho tem por objetivo geral determinar a influência da concentração e do tipo de ácido utilizado na passivação de ácidos inoxidáveis.

Os objetivos específicos deste trabalho são:

a) verificar o desempenho das peças passivadas na concentração utilizada na empresa (solução nova e solução exaurida) e na concentração proposta neste estudo, em testes de névoa salina e curvas de polarização potenciostáticas;
b) comparar a morfologia do óxido passivante em dois processos: o processo utilizado em uma empresa de microfusão (solução nova e solução exaurida) e o processo proposto por meio de análises de microscopia eletrônica de varredura (MEV);
c) monitorar a variação de pH no início e no final do processo de passivação.

1.5.4 Hipóteses

As hipóteses que podem ser averiguadas em relação ao problema apresentado são:

a) as características protetoras da camada passivante diminuem com a diluição da solução ácida;

b) a contaminação da solução por alguns elementos presentes nas peças microfundidas altera a morfologia da camada passiva;
c) o monitoramento do pH permite acompanhar a acidez da solução passivante, indicando a necessidade de reposição do ácido.

1.6 Planejamento experimental

O planejamento experimental ajudará a organizar os experimentos propostos para o TCC de maneira rápida, organizada e não empírica. Em síntese, é possível obter informações satisfatórias com um número reduzido de experimentos e concluir a seu respeito com confiança.

O tipo de planejamento a ser utilizado dependerá do número de fatores controláveis que serão testados. Fatores controláveis são fatores selecionados para serem variados durante os experimentos, tendo provavelmente influência na variável resposta. Variável resposta é definida como a variável que será utilizada para avaliar o processo em estudo (rendimento de um processo/reação, atividade enzimática, resistência de um material etc.).

A análise da importância (significância) de um fator é realizada a partir da análise de variância, que é a metodologia estatística que avalia a significância dos diversos fatores e interações.

1.6.1 Experimentos com apenas um fator — ANOVA one-way

Para um processo em que há apenas um fator controlável, utiliza-se a análise de variância de um fator. Cada nível diferente do fator controlável é considerado um tratamento. Assim, se testarmos três temperaturas diferentes, teremos três tratamentos. A Tabela 1.1 apresenta dados típicos para um experimento de um único fator.

Tabela 1.1 Dados típicos para um experimento de um único fator

Tratamento	Observações				Totais	Médias
1	y_{11}	y_{12}		y_{1n}	$y_{1.}$	
2	y_{21}	y_{22}	...	y_{2n}	$y_{2.}$	
...	...	...	...	...	...	
A	y_{a1}	y_{a2}	...	y_{an}	$y_{a.}$	
					$y_{..}$	

em que:

y_{ij} = é a observação j medida no tratamento i;
$y_{i.}$ = o total das observações sujeitas ao i-ésimo tratamento;
$y_{..}$ = o total de todas as observações.

Considere o seguinte exemplo (MONTGOMERY; RUNGER, 2009): um fabricante que utiliza papel usado para confeccionar sacos de papel pardo está interessado em melhorar a resistência do produto à tensão. A engenharia de produto pensa que a resistência à tensão seja uma função da concentração da madeira de lei na polpa, e que a faixa prática de interesse das concentrações de madeira de lei esteja entre 5% e 20%. Um time de engenheiros responsáveis pelo estudo decide investigar quatro níveis de concentração de madeira de lei: 5%, 10%, 15% e 20%. Eles decidem fabricar seis corpos de prova para cada nível de concentração. Todos os 24 corpos de prova são testados em ordem aleatória, em um equipamento de teste de laboratório (Tabela 1.2).

Tabela 1.2 Força de resistência do papel em função das concentrações de madeira (psi)

	Concentração de madeira de lei (%) — fator controlável	Variável resposta (resistência à tensão, psi)						Totais ($y_{i.}$)	Médias ( )
		1	2	3	4	5	6		
Tratamentos	5	7	8	15	11	9	10	60	10,00
	10	12	17	13	18	19	15	94	15,67
	15	14	18	19	17	16	18	102	17,00
	20	19	25	22'	23	18	20	127	21,17
							$y_{..}$	383	15,96

O objetivo, nesse caso, foi determinar se há diferença significativa nos valores de resistência à tensão quando diferentes concentrações de madeira de lei são utilizadas. Podemos formular duas hipóteses:

a) H_0 (hipótese nula): não há diferenças significativas entre os grupos (concentrações de madeira de lei);
b) H_1 (hipótese 1): há diferenças significativas entre os grupos (concentrações de madeira de lei).

10   Capítulo 1

O procedimento de teste para as hipóteses é chamado de análise de variância. O nome "análise de variância" resulta do particionamento da variabilidade total dos dados em suas partes componentes. A soma dos quadrados total é uma medida da variabilidade total nos dados (HINES et al., 2012). A variância total pode ser escrita como a Equação 1.1:

$$\text{Variação total} = \text{Variação entre os grupos} + \text{Variação dentro dos grupos} \quad (1.1)$$

Pode-se escrever também (Equação 1.2):

$$SQT = SQG + SQR \quad (1.2)$$

em que:

SQT = soma dos quadrados totais (mede a variação geral de todas as observações) decomposta em:

SQG = soma dos quadrados dos grupos (tratamentos, no exemplo anterior, concentrações de madeira de lei) associada exclusivamente a um efeito dos grupos, ou seja, o efeito causado pela variação da concentração da madeira de lei de 5% para 20%, por exemplo;

SQR = soma dos quadrados dos resíduos causada exclusivamente pelo erro aleatório, medida dentro dos grupos.

Formulário para os cálculos (Equações 1.3 a 1.5):

$$SQT = \sum_{i=1}^{a}\sum_{j=1}^{n} y_{ij}^2 - \frac{y_{..}^2}{N} = \left(7^2\right) + \left(8^2\right) + \ldots + \left(20^2\right) - \frac{(383)^2}{24} = 512{,}96 \quad (1.3)$$

$$SQG = \sum_{i=1}^{a} \frac{y_{i.}^2}{n} - \frac{y_{..}^2}{N} = \frac{\left(60^2\right) + \left(94^2\right) + \left(102^2\right) + \left(127^2\right)}{6} - \frac{(383)^2}{24} = 382{,}79 \quad (1.4)$$

$$SQR = SQT - SQG = 512{,}96 - 382{,}79 = 130{,}17 \quad (1.5)$$

em que:

a = número de tratamentos (diferentes níveis do fator controlável). Para o exemplo, $a = 4$;

n = número de repetições de cada tratamento. Para o exemplo, $n = 6$;

N = número total de experimentos realizados ($a*n$). Para o exemplo, $a*n = 24$;

y_{ij} = é a observação j medida no tratamento i;

$y_{i.}$ = total das observações sujeitas ao *i*-ésimo tratamento;
$y_{..}$ = total de todas as observações.

1.6.2 Montagem da tabela ANOVA

A partir das somas quadráticas obtém-se a média quadrática para cada fator (Tabela 1.3).

Tabela 1.3 Montagem da tabela ANOVA

Fonte de variação	Soma dos quadrados	Graus de liberdade (GDL)	Média quadrática	F tabelado	F calculado (usando o Excel)
Tratamentos	SQG	$a - 1$	SQG/GDLG	MQG/MQR	INVF(α;GDLG;GDLR)
Erro	SQR	$a(n - 1)$	SQR/GDLR		
Total	SQT	$an - 1$			

em que:
SQG = soma dos quadrados dos grupos (diferentes tratamentos);
SQR = soma dos quadrados do erro;
SQT = soma dos quadrados total;
GDLG = graus de liberdade dos grupos;
GDLR = graus de liberdade do erro;
MQG = média quadrada dos grupos;
MQR = média quadrada do erro.

Para testar a hipótese referente ao efeito dos grupos, usamos o Teste *F*, de acordo com a Equação 1.6 (adequado para a distribuição do quociente de duas variâncias):

$$F_{calculado} = \frac{MQG}{MQR} \qquad (1.6)$$

Comparar $F_{calculado}$ com $F_{tabelado}$, se o valor calculado for maior que o valor tabelado (ou valor $p < 0,05$), descarta-se H_0, ou seja, existem diferenças significativas entre os grupos provocadas pelo fator controlável em estudo. O limite de decisão é estabelecido usando os valores tabelados da distribuição *F* (Tabela 1.4) e Equação 1.7 (RIBEIRO; TEN CATEN, 2003):

$$F_{\alpha;a-1;a(n-1)} \qquad (1.7)$$

em que:

α = nível de significância (usualmente 0,05), ou seja, o nível de confiança da afirmação é de 95%.

$a - 1$ = graus de liberdade do numerador (MQG);

$a(n - 1)$ = graus de liberdade do denominador (MQR).

Tabela 1.4 ANOVA para um único fator

Fonte de variação	Soma dos quadrados	Graus de liberdade (GDL)	Média quadrática	$F_{tabelado}$	$F_{calculado}$ (usando o Excel)
Concentração de madeira de lei (tratamentos)	382,79 (SQG)	3 ($a - 1$)	127,60 $MQG =$ ($SQG/$ $GDLG$)	19,60 ($MQG/$ MQR)	3,09 [INVF(α; GDLG; GDLR)]
Erro	130,17 (SQR)	20 [$a(n - 1)$]	6,51 $MQR = SQR/$ $GDLR$		
Total	512,96 (SQT)	23 ($an - 1$)			

Para o caso em análise, rejeitamos a hipótese nula, pois $F_{tabelado} > F_{calculado}$.

1.6.3 Comparação múltipla de médias

Mesmo que a hipótese nula seja rejeitada, isto é, haja diferenças significativas entre os grupos, ainda é necessário decidir entre quais grupos (níveis/tratamentos) há diferença. Para tanto, se faz uma comparação múltipla de médias (RIBEIRO; TEN CATEN, 2003). Os passos são os seguintes:

a) calcula-se o desvio-padrão das médias, segundo a Equação 1.8:

$$s_{\bar{y}} = \frac{\sqrt{MQR}}{\sqrt{N}} = \frac{\sqrt{6,51}}{\sqrt{24}} = \frac{2,55}{4,90} = 0,52 \qquad (1.8)$$

b) calcula-se o limite de decisão (L_d), segundo a Equação 1.9:

$$L_d = 3 * s_{\bar{y}} = 3 * 0,52 = 1,56 \qquad (1.9)$$

c) escrevem-se as médias em ordem crescente ou decrescente e comparam-se duas a duas. A diferença será significativa se for maior que o L_d. Caso a diferença entre as médias seja superior ao L_d, há diferença significativa entre as médias e, a partir daí, decide-se o nível em que o fator controlável deve ser fixado, conforme o desejado (qualidade, preço, tempo de processo, rendimento etc.).

Assim:

Médias ($\overline{y}_{1.}$) em ordem crescente:

10,00 <15,67 <17,00 <21,17

$\overline{y}_{2.} - \overline{y}_{1.}$ = 15,67 − 10,00 = 5,67 > 1,56, portanto, a diferença é significativa;

$\overline{y}_{3.} - \overline{y}_{2.}$ = 17,00 − 15,67 = 1,33 < 1,56, portanto, a diferença é não significativa;

$\overline{y}_{4.} - \overline{y}_{3.}$ = 21,17 − 17,00 = 4,17 > 1,56, portanto, a diferença é significativa.

Há diferença significativa (aumento) na resistência à tensão quando a concentração de madeira de lei aumenta de 5% para 10%. Para o aumento na concentração de madeira de lei de 10% para 15%, não ocorre diferença significativa (aumento ou diminuição); já quando a concentração é de 20% em vez de 15%, nota-se um aumento significativo na resistência à tensão do papel.

1.6.4 Experimentos com vários fatores — fatoriais e 2^k

Muitos experimentos envolvem o estudo do efeito de dois fatores ou mais. Em geral, projetos fatoriais são mais eficientes para esse tipo de experimento. Os projetos fatoriais são aqueles que testam combinações de dois ou mais fatores (qualitativos ou quantitativos) sobre uma variável resposta (quantitativa). Quando todas as combinações de níveis dos diferentes fatores são testadas em um experimento, chamamos de projeto fatorial completo.

Fatorial 5 × 2 = experimento com dois fatores, sendo o primeiro a cinco níveis e o segundo a dois níveis, resultará em um total de 10 experimentos (*fatorial completo*).
Fatorial 2^k = experimento com k fatores, sendo todos testados com dois níveis, resultará em 2^k combinações.

O **efeito de um fator** é definido como a mudança na resposta produzida por uma alteração no nível do fator. Frequentemente, é chamado de **efeito principal**, pois se refere aos principais fatores de interesse do experimento.

Muitos experimentos envolvem mais de dois fatores. Neste, tem-se "a" níveis do fator A, "b" níveis do fator B, "c" níveis do fator C, e assim por diante. Em geral, haverá um total de "$abc \ldots n$" observações se houver "n" repetições do experimento (HINES et al., 2012).

1.6.4.1 Planejamento fatorial com dois fatores

A seguir, será mostrado um exemplo desse planejamento.

As tintas de base das aeronaves são aplicadas em superfície de alumínio por dois métodos: por imersão ou por *spray*. O objetivo da tinta de base é melhorar a aderência da pintura. Algumas partes podem ser pintadas por qualquer dos métodos de aplicação, e o setor de engenharia está interessado em saber se três tintas de base diferem em suas propriedades de aderência. Realiza-se um experimento fatorial para investigar os efeitos do tipo de tinta de base e do método de aplicação sobre a aderência da pintura. Três corpos de prova foram pintados com cada base usando-se cada método de aplicação, utilizando-se pintura final e medindo-se a aderência. Os dados do experimento são mostrados na Tabela 1.5 (HINES et al., 2012). Os números circulados nas células são os totais y_{ij}.

Tabela 1.5 Propriedades de aderência para diferentes combinações de tipo de base e método de aplicação

Tipo de base (A)	Método de aplicação (B)		$y_{i..}$
	Imersão	*Spray*	
1	4,0; 4,5; 4,3 12,8	5,4; 4,9; 5,6 15,9	28,7
2	5,6; 4,9; 5,4 15, 9	5,8; 6,1; 6,3 18,2	34,1
3	3,8; 3,7; 4,0 11,5	5,5; 5,0; 5,0 15,5	27,0
$y_{.j.}$	40,2	49,6	89,8 = $y_{...}$

As somas dos quadrados para a análise de variância são calculadas como se segue (Equações 1.10 a 1.14):

$$SQT = \sum_{i=1}^{a}\sum_{j=1}^{b}\sum_{k=1}^{n} y_{ijk}^2 - \frac{y_{...}^2}{abn} = (4,0)^2 + (4,5)^2 + \ldots + (5,0)^2 - \frac{89,8^2}{18} = 10,72 \quad (1.10)$$

$$SQA = \sum_{i=1}^{a} \frac{y_{i..}^2}{bn} - \frac{y_{...}^2}{abn} = \frac{28,7^2 + 34,1^2 + 27^2}{6} - \frac{89,8^2}{18} = 4,58 \quad (1.11)$$

$$SQB = \sum_{j=1}^{b} \frac{y_{.j.}^2}{an} - \frac{y_{...}^2}{abn} = \frac{40,2^2 + 49,6^2}{9} - \frac{89,8^2}{18} = 4,91 \qquad (1.12)$$

$$SQAB = \sum_{i=1}^{a}\sum_{j=1}^{b} \frac{y_{ij.}^2}{n} - \frac{y_{...}^2}{abn} - SQA - SQB = \frac{12,8^2 + 15,9^2 + \ldots + 15,5^2}{3} - \frac{89,8^2}{18} - 4,58 - 4,91 = 0,24$$

(1.13)

$$SQR = SQT - SQA - SQB - SQAB = 10,72 - 4,58 - 4,91 - 0,24 = 0,99 \qquad (1.14)$$

Nesse caso, os fatores A e B foram significativos ($F_{calculado} > F_{tabelado}$) para as propriedades de aderência da tinta. A interação AB não foi significativa, como se observa na Tabela 1.6.

Tabela 1.6 Análise de variância para dois fatores

Fonte de variação	Soma de quadrados	Graus de liberdade	Média quadrática	$F_{calculado}$	$F_{tabelado}$
Tipo de base (A)	4,58	$(a-1) = 2$	2,291	27,86	3,89
Métodos de aplicação (B)	4,91	$(b-1) = 1$	4,909	59,70	4,74
Interação (AB)	0,241	$(a-1)(b-1) = 2$	0,121	1,47	3,89
Erro	0,987	$ab(n-1) = 12$	0,082		
Total	10,718	$abn - 1 = 17$			

1.6.4.2 Experimentos com três fatores

O Quadro 1.2 mostra um planejamento de experimento com três fatores de acordo com a ANOVA.

Quadro 1.2 ANOVA para um planejamento de experimentos com três fatores

Fonte de variação	Soma dos quadrados	Graus de liberdade	Média quadrática	$F_{tabelado}$
A	SQA	$a-1$	MQA	MQA/MQR
B	SQB	$b-1$	MQB	MQB/MQR
C	SQC	$c-1$	MQC	MQC/MQR
AB	SQAB	$(a-1)(b-1)$	MQAB	MQAB/MQR
AC	SQAC	$(a-1)(c-1)$	MQAC	MQAC/MQR
BC	SQBC	$(b-1)(c-1)$	MQBC	MQBC/MQR
ABC	SQABC	$(a-1)(b-1)(c-1)$	MQABC	MQABC/MQR
Erro	SQR	$abc(n-1)$	MQR	
Total	SQ_{total}	$abcn-1$		

As somas dos quadrados serão (Equações 1.15 a 1.23):

$$SQT = \sum_{i=1}^{a}\sum_{j=1}^{b}\sum_{k=1}^{c}\sum_{l=1}^{n} y_{ijkl}^2 - \frac{y_{....}^2}{abcn} \tag{1.15}$$

$$SQA = \sum_{i=1}^{a} \frac{y_{i...}^2}{bcn} - \frac{y_{....}^2}{abcn} \tag{1.16}$$

$$SQB = \sum_{j=1}^{b} \frac{y_{.j..}^2}{acn} - \frac{y_{....}^2}{abcn} \tag{1.17}$$

$$SQC = \sum_{k=1}^{c} \frac{y_{..k.}^2}{abn} - \frac{y_{....}^2}{abcn} \tag{1.18}$$

$$SQAB = \sum_{i=1}^{a}\sum_{j=1}^{b} \frac{y_{ij..}^2}{cn} - \frac{y_{....}^2}{abcn} - SQA - SQB \tag{1.19}$$

$$SQAC = \sum_{i=1}^{a}\sum_{k=1}^{c}\frac{y_{i.k.}^2}{bn} - \frac{y_{...}^2}{abcn} - SQA - SQC \qquad (1.20)$$

$$SQBC = \sum_{j=1}^{b}\sum_{k=1}^{c}\frac{y_{.jk.}^2}{an} - \frac{y_{...}^2}{abcn} - SQB - SQC \qquad (1.21)$$

$$SQABC = \sum_{i=1}^{a}\sum_{j=1}^{b}\sum_{k=1}^{c}\frac{y_{ijk.}^2}{n} - \frac{y_{...}^2}{abcn} - SQA - SQB - SQC - SQAB - SQAC - SQBC \qquad (1.22)$$

$$SQT = SQA + SQB + SQC + SQAB + ... + SQR \qquad (1.23)$$

1.6.5 Planejamento fatorial 2^k

Quando há muitos fatores a serem analisados, é comum que os planejamentos fatoriais 2^k sejam utilizados. Os projetos fatoriais 2^k contemplam k fatores, cada um deles com apenas dois níveis, o nível baixo (–) e o alto (+). Esse projeto é chamado 2^k, porque para rodá-lo são necessárias 2^k combinações.

Entre as vantagens desse tipo de experimento estão: simples de serem analisados e especialmente úteis nos estágios iniciais de investigação, quando há muitos fatores a serem investigados.

O tipo mais simples de planejamento 2^k é o 2^2, dois fatores, A e B, em dois níveis, totalizando quatro experimentos. Usa-se uma notação especial para representar as combinações de tratamentos. Em geral, uma combinação de tratamento é representada por uma série de letras minúsculas. Se uma letra está presente, então o fator correspondente é rodado no nível alto naquele tratamento. Se ela está ausente, o fator é rodado em seu nível baixo. O tratamento (1) indica que ambos os fatores estão no nível baixo (HINES et al., 2012). A Tabela 1.7 apresenta os tratamentos para um planejamento 2^k.

Tabela 1.7 Tratamentos para um planejamento 2^k

Tratamentos	Fatores	
	A	B
(1)	–	–
a	+	–
b	–	+
ab	+	+

As somas quadradas são calculadas segundo a Equação 1.24:

$$SQ = \frac{(contraste)^2}{n*2^k} \qquad (1.24)$$

em que os contrastes são calculados conforme as Equações 1.25 e 1.26, e as somas dos quadrados, segundo as Equações 1.27 a 1.29.

Dentro de cada parêntese utiliza-se o sinal (−), se o fator está incluído no efeito, ou o sinal (+), se não estiver incluído (RIBEIRO; TEN CATEN, 2003). Para o contraste do fator A (C_A):

$$(C_A) = (a-1)*(b+1) \qquad (1.25)$$

$$C_A = a + ab - b - (1) \qquad (1.26)$$

$$SQA = \frac{[a+ab-b-(1)]^2}{n*4} \qquad (1.27)$$

$$SQB = \frac{[b+ab-a-(1)]^2}{n*4} \qquad (1.28)$$

$$SQAB = \frac{[ab+(1)-a-b]^2}{n*4} \qquad (1.29)$$

usam-se as médias de cada tratamento para o cálculo das somas quadradas. Nos planejamentos 2^k, cada fator tem 1 grau de liberdade. A soma total dos quadrados é calculada da maneira usual (com $n*2^k - 1$ graus de liberdade) (Equação 1.30):

$$SQT = \sum_{i=1}^{a}\sum_{j=1}^{b}\sum_{k=1}^{n} y_{ijk}^2 - \frac{y_{...}^2}{2^k n} \qquad (1.30)$$

A soma dos quadrados do erro é obtida por subtração [com $2^k (n - 1)$ graus de liberdade] (Equação 1.31):

$$SQR = SQT - SQA - SQB - SQAB \qquad (1.31)$$

EXEMPLO:

Na fabricação de circuitos integrados, um passo básico é criar uma camada epitaxial sobre substratos ou pastilhas de silício. A Tabela 1.8 apresenta os resultados de um planejamento fatorial 2^2 com n = 4 repetições, fator A = tempo de deposição e B = taxa de fluxo de arsênico, e a Tabela 1.9, a análise de variância para o experimento do processo epitaxial. Os dois níveis do tempo de deposição são − = curto e + = longo, e os dois níveis da taxa de fluxo do arsênico são − = 55% e + = 59%. A variável resposta é a espessura da camada epitaxial (μm) (HINES et al., 2012).

Tabela 1.8 Planejamento 2^2 para o experimento do processo epitaxial

Tratamentos	Fatores do planejamento			Espessura (μm)	Espessura (μm)	
	A	B	AB		Total	Média
(1)	−	−	+	14,037; 14,165; 13,972; 13,907	56,081	14,021
a	+	−	−	14,821; 14,757; 14,843; 14,878	59,299	14,825
b	−	+	−	13,880; 13,860; 14,032; 13,914	55,686	13,922
ab	+	+	+	14,888; 14,921; 14,415; 14,932		14,789

Tabela 1.9 Análise de variância para o experimento do processo epitaxial

Fonte de variação	Soma dos quadrados	Graus de liberdade	Média quadrática	$F_{calculado}$	$F_{tabelado}$
A (tempo de deposição)	2,8	1	2,7956	134,50	4,74
B (fluxo de arsênico)	0,0181	1	0,0181	0,87	4,74
AB	0,0040	1	0,0040	0,19	4,74
Erro	0,2495	12	0,0208		
Total	3,0672	15			

O fator A é muito significativo sobre a espessura epitaxial. O fator B e a interação AB não são significativos ($F_{calculado} < F_{tabelado}$).

2
Escrevendo a parte pré-textual do TCC

2.1 Introdução

O aluno dos cursos das ciências exatas, assim como o de outras áreas, tem encontrado dificuldades ao escrever seus trabalhos acadêmicos quando se depara com as regras das Normas Brasileiras de Referência (NBR), preconizadas pela Associação Brasileira de Normas Técnicas (ABNT), nas quais é encontrado um modelo padronizado, mas falta objetividade para seu caso específico.

Com o objetivo de orientar os alunos de cursos das ciências exatas quanto aos princípios para a elaboração de trabalhos acadêmicos, com foco no TCC, foi elaborado um roteiro para guiá-los na apresentação e formatação de seu TCC segundo a ABNT. Na apresentação de cada seção, são fornecidas orientações técnicas para sua redação, seguida de um esboço com a disposição dos elementos.

A estrutura do trabalho acadêmico segue as normas da ABNT NBR 14724 (apresentação), NBR 6023 (referências), NBR 10520 (citações), NBR 6024 (numeração progressiva), NBR 6027 (sumário), NBR 6028 (resumo) (ASSOCIAÇÃO BRASILEIRA DE NORMAS TÉCNICAS, 2011, 2002a, 2002b, 2012a, 2012b, 2003, respectivamente). A apresentação de tabelas deve seguir o Instituto Brasileiro de Geografia e Estatística (1993).

2.2 Capa

A capa é denominada parte externa. Seus elementos devem ser digitados em fonte 12. Cuidado para não aumentar a letra no título com o objetivo de dar destaque. Abreviaturas e siglas não precisam ser escritas por extenso, uma vez que a capa não faz parte dos elementos textuais. Também não se devem usar fórmulas e símbolos.

Para cidades homônimas, deve ser apresentada a sigla da unidade da Federação.

O ano é aquele da entrega do trabalho.

A Figura 2.1 mostra um exemplo da disposição das informações que devem estar presentes na capa.

Figura 2.1 Disposição das informações presentes na capa.

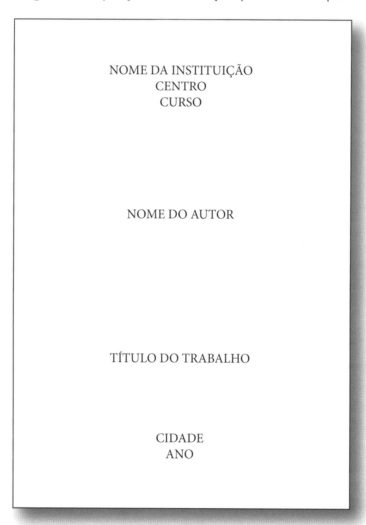

Fonte: As autoras.

2.2.1 Título

O título deve ser simples, específico e curto, evidenciando o tema, o material utilizado e o método, porém sem entrar em detalhes pertinentes à seção de metodologia (como as condições que foram mudadas na tomada das medidas experimentais: variações de temperatura, velocidade, concentração etc.). O título do trabalho deve apresentar as seguintes informações: objetivo, parâmetro ou propriedade estudada, material e, se for pertinente, o método de análise.

Quando necessário, pode ser incluído um subtítulo, que complementa a informação principal, ou seja, o título. O subtítulo sempre é precedido por dois pontos, e nas referências bibliográficas *não* é grafado com negrito.

2.2.1.1 Características do título

O título deve apresentar as seguintes características:

a) clareza quanto ao objetivo do trabalho em relação aos termos: avaliação (da resistência, do desempenho, de tratamentos, de propriedades), estimativa, estudo comparativo, validação da(s) técnica(s) (de medição);
b) informar o parâmetro que foi estudado, por exemplo: resistência, corrosividade, tipos de materiais;
c) técnica ou método de análise: tipo de processo que foi utilizado para o ensaio, como pirólise, eletrólise, ensaios de corrosão, flotação, eletrocoagulação etc.

2.2.1.2 Exemplos de títulos

Primeiramente, serão apresentados alguns exemplos de títulos corretos: "Avaliação da remoção dos íons cobre, níquel e cromo de efluente galvânico utilizando as técnicas de eletrocoagulação e eletroflotação".

Em alguns casos, o método de análise fica implícito com a definição da propriedade, como no título a seguir: "Avaliação da influência do teor de níquel nas propriedades mecânicas do aço inoxidável 304" (entende-se por propriedades mecânicas: dureza, resistência à tração, alongamento etc.); "Avaliação do desempenho à corrosão do revestimento de peças de aço SAE 1008 cromadas por meio do processo de cromo trivalente" (desempenho à corrosão implica a realização de alguns ensaios: ensaio de névoa salina, ensaios eletroquímicos, medidas de potencial).

Palavras que não devem ser utilizadas nos títulos, pois não denotam objetivos:
a) determinação;
b) quantificação;
c) substituição.

A seguir, alguns exemplos de títulos formulados incorretamente: "Substituição da tinta epóxi pela híbrida epóxi-poliéster para pintura de peças metálicas".

Esse título não apresenta:
a) objetivo: a palavra "substituir" faz parte da metodologia;
b) parâmetro: não apresenta os parâmetros estudados (em relação à aderência, ao custo, ao desempenho à corrosão, ao brilho, à facilidade de aplicação);
c) técnica ou método de análise, como: ensaios de corrosão ou de desempenho de tintas;
d) material: o termo utilizado é muito abrangente, pois o material pode ser de aço carbono, zamac ou ligas de cobre.

Sugestão de título correto do exemplo anterior: "Estudo comparativo do desempenho das tintas epóxi e híbrido epóxi-poliéster em peças de aço SAE 1008".

Em relação ao desempenho de tintas citado no título anterior, entende-se que os seguintes ensaios podem ter sido realizados: aderência, brilho, poder de cobertura, medida de espessura etc.

2.3 Parte pré-textual

A parte pré-textual compreende folha de rosto, dedicatória, agradecimentos, resumos, listas e termina no sumário. Essas seções não são numeradas, portanto os títulos são centralizados, e as páginas, não numeradas.

2.3.1 Folha de rosto

Os elementos da folha de rosto devem ser digitados em fonte 12 e podem seguir o modelo da Figura 2.2.

2.3.2 Folha de aprovação

A folha de aprovação também é digitada em fonte 12 e pode seguir o modelo da Figura 2.3.

Figura 2.2 Folha de rosto.

>
> NOME DA INSTITUIÇÃO
> NOME DO CURSO
>
> NOME DO AUTOR
>
> **TÍTULO**
>
> Trabalho de Conclusão de Curso apresentado como parte dos requisitos para obtenção da aprovação na disciplina de Trabalho de Conclusão de Curso – Universidade de Caxias do Sul, Curso de Engenharia Química, sob a orientação acadêmica do Prof. Dr. .... e coordenação da Prof^a. Dr^a ....
>
> CIDADE
> ANO

Fonte: As autoras.

Figura 2.3 Folha de aprovação.

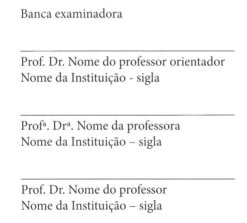

Fonte: As autoras.

2.3.3 Dedicatória

A dedicatória é reservada a pessoas próximas, geralmente aos familiares. Como exemplo, temos a Figura 2.4.

2.3.4 Agradecimentos

Os agradecimentos são opcionais. Quando citados, devem ser elencados em ordem hierárquica de importância para empresas, organizações e profissionais que contribuíram para a realização efetiva do trabalho, segundo modelo da Figura 2.5 (AQUINO, 2010).

2.3.5 Resumo na língua vernácula

O resumo é a primeira seção apresentada do TCC, porém deve ser o último item a ser elaborado. Podem ser usadas as mesmas sentenças da parte do texto, sem citações e referências, evitando, quando possível, símbolos e contrações que não sejam de uso corrente, fórmulas, equações etc. Deverá ter de 150 a 500 palavras em parágrafo único, sem recuo, com o verbo na voz passiva e na terceira pessoa do singular. Nunca iniciar com os objetivos, porque o resumo tem a mesma sequência apresentada no trabalho. Deve-se iniciar com uma a duas sentenças introdutórias, mostrando a relevância da pesquisa. Após explicitar o(s) objetivo(s), metodologia, citar o(s) método(s) adotado(s), resultados (se o objetivo for quantificar, apresentar valores obtidos), discussão e conclusão.

Vários pesquisadores e revisores, antes da leitura do trabalho completo, têm como premissa a leitura do resumo, seguida da leitura da conclusão como avaliação prévia da relevância do trabalho. Nessa análise, é observada a clareza do texto, bem como a coerência entre o que é proposto no resumo e a conclusão obtida.

Logo abaixo do resumo, apresentar, no máximo, seis palavras-chave (ideal entre três e quatro) que são intimamente ligadas à pesquisa, sem recuo, separadas entre si e finalizadas por pontos. Uma vez definidas as palavras-chave, não utilizar, no texto, sinônimos, para não confundir o leitor. Por exemplo, se uma palavra-chave for **areia**, não se deve utilizar um sinônimo como **sílica**, sem receio de que a utilização da palavra fique muito repetitiva. A Figura 2.6 representa um modelo de como deve ser uma folha de Resumo.

A seguir, é apresentado um exemplo de um resumo mal elaborado.

> Nesse trabalho, determinaram-se a morfologia e o desempenho em relação à resistência e à corrosão de peças de aço galvanizado com diferentes cromatizantes em névoa salina e ensaios de imersão em meios salino e ácido (1). Para os ensaios de imersão,

Figura 2.4 Dedicatória.

> Dedico este trabalho à (nome) ... por...

Fonte: As autoras.

Figura 2.5 Agradecimentos.

> **AGRADECIMENTOS**
>
> Agradeço em primeiro lugar à (nome);
> ao (nome)..........;
> a (nome) ....

Fonte: As autoras.

Figura 2.6 Resumo.

> **RESUMO**
>
> Usar fonte 10 e espaço simples.
> Número de palavras de 150 a 500
> Iniciar com duas sentenças introdutórias
> sobre a importância do assunto;
> objetivos;
> metodologia;
> resultados e discussão
> conclusões.
> **Palavras-chave:**

Fonte: As autoras.

foram utilizadas soluções de cloreto de sódio 3% e ácido sulfúrico 3% (2). Na solução salina, foram obtidos $E_{corr(ECS)}$ característicos do potencial do zinco, enquanto na solução ácida verificaram-se valores em torno do potencial do ferro (3). O desempenho também foi comparado utilizando-se ensaio de névoa salina (4). A morfologia da camada depositada foi determinada por microscopia eletrônica de varredura. Observou-se que o filme cromatizante apresenta uma morfologia tipo "malha" (5). Os resultados permitiram concluir que o cromatizante verde hexavalente apresentou o melhor desempenho em resistência à corrosão nos meios estudados (6).

Os erros contidos nesse exemplo foram identificados com números de (1) a (6) e estão mostrados a seguir:

- em (1) o resumo iniciou pelos objetivos;
- em (2) e (3) foi apresentada uma parte da metodologia seguida do resultado obtido;
- em (4) foi apresentada a metodologia novamente, não informando o método, ou a norma, adotado;
- em (5) foram apresentados a metodologia e os resultados;
- em (6) foi apresentada a conclusão sem dados para sua confirmação, não apresentando a relação entre os resultados para chegar à conclusão.

2.3.6 Resumo em língua estrangeira

Palavras estrangeiras devem ser digitadas em itálico, mas essa regra não vale para o *Abstract* (resumo em inglês) e as *Keywords* (palavras-chave). O conteúdo da tradução e a apresentação devem ser os mesmos do Resumo. O *Abstract* deve ser revisado por um profissional que domine a língua inglesa, sem dispensar a contribuição do autor, que é o responsável pela utilização dos termos técnicos. Não delegue essa obrigação a um tradutor eletrônico, pois muitas vezes a tradução literal não expressa a linguagem técnica. Por exemplo, para o termo têmpera (tratamento térmico para metais), a tradução correta é *quenching*, enquanto para o termo revenido (tratamento térmico para metais), a tradução correta é *tempering*.

2.3.7 Lista de ilustrações

O termo ilustrações inclui desenhos, esquemas, fluxogramas, fotografias, gráficos, quadros, mapas, organogramas, plantas, retratos e outros (ASSOCIAÇÃO BRASILEIRA DE NORMAS TÉCNICAS, 2011). As ilustrações devem ser de boa qualidade e tamanho adequado ao corpo do texto. Quando a figura original apresentar frases ou palavras em outro idioma, estas devem ser traduzidas, e na fonte deve constar a citação seguida do termo "modificado". Quando utilizar imagens, como microscopias ópticas ou eletrônicas, empregar para efeito de comparação a mesma ampliação (500×, 3000× etc.) e a barra de magnitude. Se existir um número suficiente de um mesmo tipo de ilustração, como gráficos (mais do que cinco), é recomendada a organização de uma lista própria. As figuras compreendem ilustrações, imagens, fotografias, gráficos em quadro aberto e seguem as mesmas considerações da tabela quanto à legenda. Quando o trabalho apresentar uma pequena quantidade de fotografias, quadros e gráficos, todos devem compor a lista de figuras. As ilustrações (figuras, quadros, tabelas) são numeradas de acordo com a ordem de apresentação no texto, com algarismos arábicos separados com um travessão da legenda, com fonte menor que 12 e sem ponto final. As legendas devem ser autoexplicativas. Atenção especial quanto à grafia das legendas das ilustrações, que devem ser apresentadas na parte superior, com fonte menor que 12, espaço simples, e devem ser exatamente iguais na lista e no texto, de acordo com o exemplo a seguir:

Quadro 1 – Nome da figura em minúsculo sem ponto no final
Fonte: Autor (ano) (na parte inferior da ilustração)
Correto na lista de ilustrações
Quadro 1 – Nome em minúsculo sem ponto no final
Errado na lista de ilustrações
Quadro 1 – Nome em minúsculo sem ponto no final (negrito)
Errado na lista de ilustrações
QUADRO 1 – Nome em minúsculo sem ponto no final (negrito somente no quadro)

Observe que a lista de ilustrações é alinhada à esquerda, sem recuo.

No texto, a apresentação das ilustrações é com letra maiúscula, porque têm nome próprio. Quadros se diferenciam de tabelas, porque apresentam a organização dos dados de forma discursiva e têm moldura. Seguem as mesmas considerações da tabela quanto à legenda e à fonte, conforme o exemplo a seguir (Figura 2.7).

2.3.8 Lista de tabelas

As mesmas orientações para as ilustrações servem para as tabelas. A tabela é a organização de dados numéricos como informação central em quadro aberto dos lados e que destaque no mínimo três linhas: duas separando o cabeçalho e uma no final da tabela. Não existe

Figura 2.7 Exemplo de quadro.

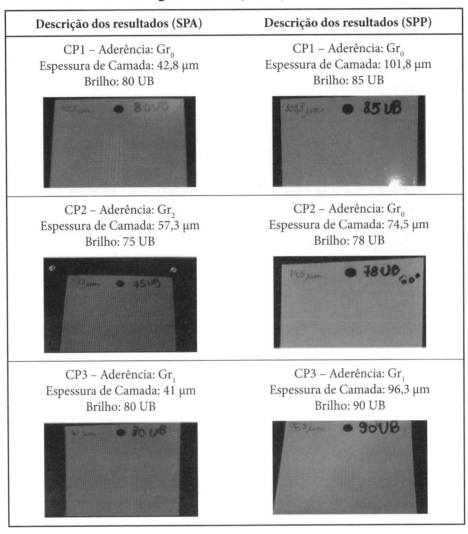

Fonte: Reinheimer (2011).

tabela com somente duas linhas. O número de linhas no interior da tabela deve ser adequado à melhor visualização e à interpretação dos dados. A tabela pode gerar figuras, e vice-versa. Atenção para não duplicar a apresentação dos resultados: ou tabela, ou gráfico.

Exemplo incorreto de tabela em quadro fechado (Tabela 2.1), apresentando duas linhas, números com diferentes precisões, com fonte igual à do texto, ponto no final da legenda e a fonte de citação em caixa-alta.

Tabela 2.1
Composição química do alumínio.

Elemento	Cu	Mn	Zn	Si+Fe	outros	Al
Percentual máximo	0,05-0,2	0,05	0,1	0,95	0,15	99

Fonte: BELTRANO (2010).

A Tabela 2.2 apresenta um exemplo correto, com três linhas em evidência, duas separando o cabeçalho e a terceira no final da tabela aberta nos lados, fonte menor que o texto (fonte 11 na legenda e corpo da tabela e fonte de citação 10).

Tabela 2.2 Composição química do alumínio

Elemento	Percentual Máximo (% m/m)
Cu	0,05-0,20
Mn	0,05
Zn	0,10
Si+Fe	0,95
Outros	0,15
Al	99

Fonte: BELTRANO (2010).

2.3.9 Lista de abreviaturas, siglas e símbolos

Esse é um elemento opcional uma vez que abreviaturas, siglas e símbolos obrigatoriamente são especificados no texto na primeira citação. Isto é, quando mencionados na primeira vez no texto, devem ser precedidos pelo nome completo, seguido da abreviatura, sigla ou símbolo entre parênteses; portanto, não é necessário organizar uma lista. Como fonte confiável, pode-se sugerir o *site* da Academia Brasileira de Letras (<http://www.academia.org.br>), no qual também é possível consultar grafia de palavras, hífen, acentuação, entre outros. Exemplos de abreviaturas, siglas e símbolos:

a) abreviatura: Dr. (doutor)
b) sigla: ABNT (Associação Brasileira de Normas Técnicas)
c) símbolo: μ (micro-)

2.3.10 Sumário

A grafia das seções (fonte 12) no texto deve ser exatamente igual à do sumário, de acordo com o exemplo (divisão do texto vai até a subseção quinária) (FURASTE, 2011, p. 50):

1 **MAIÚSCULO E NEGRITO**
1.1 SÓ MAIÚSCULO
1.1.1 **Minúsculo e negrito**
1.1.1.1 Minúsculo
1.1.1.1.1 *Minúsculo e itálico*

Note que a numeração e o título são separados por um espaço sem ponto e que também não há ponto no final do título.

No sumário não constam os elementos pré-textuais, ou seja, desde a folha de rosto até as listas de figuras, tabelas etc. A Figura 2.8 mostra um exemplo de sumário.

Figura 2.8 Sumário.

SUMÁRIO

1 INTRODUÇÃO 12

1.1 OBJETIVO GERAL 14

1.1.1 **Objetivos específicos** 14

2 REFERÊNCIAL TEÓRICO 15

3 MATERIAIS E MÉTODOS 35

4 RESULTADOS E DISCUSSÃO 50

5 CONCLUSÃO 65

6 SUGESTÕES PARA FUTUROS TRABALHOS 67

REFERÊNCIAS 68

APÊNDICE A – Legenda..72

APÊNDICE B – Legenda..73

ANEXO A – Legenda..74

Fonte: As autoras.

3
Escrevendo a parte textual do TCC

3.1 Introdução

A introdução é uma apresentação sucinta do trabalho e deve compreender a contextualização do tema sob diferentes aspectos: científico, técnico, relevância histórica e ambiental. Vale ressaltar que o texto deve utilizar os verbos no passado impessoal. A seguir, um exemplo do desenvolvimento de uma introdução de um trabalho referente à aplicação de um sistema específico de tratamento para efluente galvânico. Paralelamente ao desenvolvimento do texto, serão relacionadas, abaixo do resumo, as palavras-chave que foram citadas e que o direcionam.

Palavras-chave: Tratamento de efluente. Efluente galvânico. Eletrólise. Remoção de íons metálicos. Eletrodos de alumínio. Variação de pH.

O primeiro parágrafo deverá ser a apresentação, que pode ser a conceituação do assunto principal do trabalho (relacionar a primeira palavra-chave). Pode-se sugerir a primeira palavra-chave: "Tratamento de efluente."

Após, apresentar as implicações desse estudo no tema citado: apresentação da problemática do assunto (pode ser a segunda palavra-chave): "Efluente galvânico."

Depois de apresentar o tema e o problema a ser estudado, pode-se apresentar a evolução histórica sobre o assunto, focada no tema escolhido, ou seja, que vem sendo realizada nesse aspecto, situando o leitor em um contexto histórico. Como o assunto é abordado de forma geral, não necessariamente é necessário referenciar. Exemplo de expressões: o desenvolvimento..., a partir do século, ou ano, desde o ano...

O próximo passo é o impacto do tema a ser estudado com relação ao meio ambiente. Podem-se abordar as consequências do estudo sobre a geração de resíduos tóxicos, reaproveitamento de materiais, análise do processo com vistas à economia de água, reagentes, energia, tempo, custos e outros.

Depois de contextualizar o tema e inseri-lo nos aspectos históricos e ambientais, pode-se apresentar o estado da arte. O estado da arte é o que há de mais moderno sobre o tema. Pode ser denominado também estado do conhecimento em determinado período.

Na sequência, deve-se introduzir o assunto específico do trabalho. Pode ser relacionado com a terceira palavra-chave, podendo corresponder ao processo estudado ou à comparação entre produtos (viabilidade do processo). O tipo de tratamento pode ser por eletrólise, pirólise, métodos eletroquímicos, adsorção, tratamento físico-químico etc.

A introdução deve concluir com o objetivo geral do trabalho e os objetivos específicos. As palavras-chave 4, 5 e 6 devem estar associadas ao objetivo geral e aos específicos, respectivamente.

3.2 Como definir os objetivos geral e específicos

3.2.1 Objetivo geral

O objetivo geral é o tema principal do estudo e deve estar relacionado com a quarta palavra-chave, devendo apresentar claramente a proposta do trabalho. Inicia-se sempre com os verbos no infinitivo, por exemplo: avaliar, determinar, comparar, investigar.

EXEMPLOS:

- Avaliar o tratamento de efluente galvânico pelo método de eletrólise para remoção dos íons cobre, zinco e níquel.

3.2.2 Objetivos específicos

É um desmembramento do objetivo geral, que permite alcançá-lo por meio da utilização de diferentes procedimentos. Os objetivos específicos determinam a metodologia que será utilizada, porém é necessário não apenas citá-las, mas informar o resultado que a técnica pode fornecer.

Não usar termos gerais ou vagos, como "diferentes tratamentos"; deve-se citar o tipo de tratamento que será utilizado.

Os objetivos específicos sempre devem iniciar com um verbo no infinitivo, como: avaliar, determinar, caracterizar e identificar.

EXEMPLOS:

a) promover, por meio de uma fonte de corrente externa, a produção de íons alumínio pela eletrólise, utilizando eletrodos de alumínio na etapa de floculação do tratamento de efluentes galvânicos;
b) avaliar a remoção de íons cobre, zinco e níquel em diferentes valores de pH, adotando o método de espectroscopia ótica;
c) determinar a concentração de íons alumínio no efluente tratado, adotando o método de espectroscopia ótica.

Para cada objetivo específico, e na mesma ordem, a técnica adotada para a medida ou avaliação do parâmetro deve ser descrita na seção correspondente à metodologia (Materiais e Métodos). Na seção Resultados, devem-se apresentar os resultados obtidos também na mesma ordem.

O autor do TCC deve estar atento para o fato de que o objetivo geral tem como resposta a conclusão, e os objetivos específicos estão relacionados com a metodologia e os resultados.

A inter-relação entre os resultados obtidos culmina na conclusão do trabalho e responde ao objetivo geral.

Resumindo: se forem listados seis objetivos específicos na seção Materiais e Métodos, deverão ser detalhadas seis subseções com os correspondentes procedimentos adotados para a realização dos ensaios. Da mesma forma, na seção Resultados e Discussão, devem ser apresentadas seis subseções correspondentes às respostas dos ensaios realizados, acompanhadas da discussão sobre estes. No final da seção, referente à Conclusão, formula-se uma síntese dos resultados obtidos para alicerçar a conclusão.

3.3 Referencial teórico (desenvolvimento teórico ou revisão bibliográfica)

Essa seção refere-se ao embasamento científico que servirá como base para a discussão dos resultados e deve-se concentrar no tema de estudo. Deverá sintetizar o conhecimento científico entre 25 a 30 páginas (no máximo), apresentando o texto com tempo verbal no passado. Servem como referenciais principalmente livros, artigos científicos, teses, dissertações, patentes de invenção, normas técnicas e trabalhos apresentados em encontros científicos. No entanto, não devem ser usadas citações de páginas de internet que não sejam de fontes confiáveis, uma vez que não passaram por um revisor (*referee*) e geralmente não apresentam os elementos essenciais, como autor, local e data de publicação.

Todo o registro feito pelo aluno é de sua responsabilidade, uma vez que o trabalho como um todo poderá ser arguido pela banca examinadora no momento da defesa do TCC. Nesse sentido, o texto produzido pelo aluno a partir das fontes consultadas deve ter seu conteúdo perfeitamente entendido. Por exemplo: conceitos, significados de termos técnicos e palavras, deduções de fórmulas e resoluções de equações, entre outros.

O capítulo pode iniciar com um parágrafo introdutório sobre o assunto, no qual é apresentada a definição do tema central, seguida da importância e dos conceitos fundamentais, esquematizados na Figura 9. Após, pode-se subdividir o texto em seções, da seguinte forma:

a) seção 2.1: deve apresentar generalidades, como conceitos, classificações, reações químicas relacionadas com o trabalho (em torno de cinco páginas);
b) seção 2.2: após essa introdução, os assuntos devem ser direcionados de acordo com o objetivo geral, isto é, o tema central do trabalho. Também inclui tipos, classificações, proposta de mecanismos, aplicações (10 páginas);
c) seção 2.3: o texto inicia com o tema do TCC e se desenvolve direcionando-se para o problema de investigação (10 a 15 páginas).

Nessa seção, é interessante mostrar figuras de estruturas, fotografias do processo estudado, entre outras, porém sempre acompanhadas de uma explicação e relacionadas com o objetivo do trabalho. Também se pode construir um quadro reunindo as principais informações, que seriam apresentadas na forma de texto, evitando, assim, uma leitura tediosa. Essa sugestão pode ser usada para a apresentação dos métodos, da evolução histórica da técnica ou do método, bem como para citar cronologicamente os eventos, autores mais importantes da área e suas publicações (Figura 3.1).

Figura 3.1 Esquema resumido mostrando o foco do referencial teórico, partindo do tema geral e se direcionando para o assunto específico.

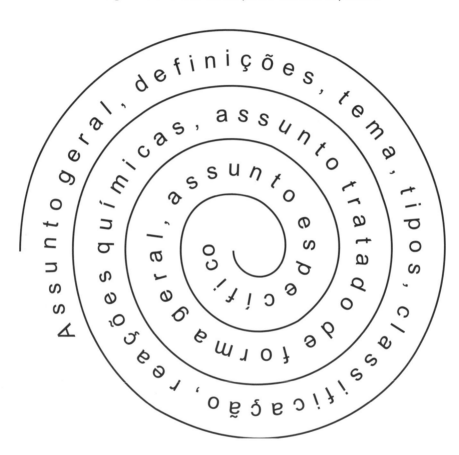

Fonte: As autoras.

3.4 Como escrever, como referenciar

Essa seção não é uma cópia de livros ou artigos, mas a síntese de vários autores sobre determinado assunto. Os conceitos devem ser extraídos da literatura formal, avaliada por um revisor (*referee*) de livros e artigos, e serão inseridos no texto.

Deve-se citar:

a) Segundo Fulano (2005)...
b) Fulano, Beltrano e Sicrano (2012), em sua pesquisa, encontraram...

c) Fulano et al. (2013) determinaram que…
d) …foi comparado por Fulano (2012)…
e) Os primeiros estudos sobre… foram apresentados por Fulano (2004)…
f) Pesquisadores como Fulano et al. (2003) contribuíram…
g) Fulano (2004) propôs que…
h) Fulano (1998) estudou o comportamento…
i) Fulano e Beltrano (2005) sugeriram um mecanismo…
j) Fulano (2002) verificou que…

Quando for cópia do conceito ou citação direta, deve ser apresentada entre aspas, e, com mais de três linhas, deve-se fazer o recuo de 4 cm do texto à direita, com fonte 10.

A citação deve ser apresentada no início ou no final do texto ao qual se refere. O texto pode ser elaborado com um ou mais autores, e todos devem ser citados. Uma vez que o texto não se trata de uma cópia de obras literárias, não se deve construir uma seção com uma ou mais páginas de texto relacionado com um único autor.

Espera-se que um trabalho acadêmico apresente textos sucintos, porém com várias citações relevantes.

No TCC, não se devem utilizar pronomes pessoais. Procure iniciar as frases sempre com vogal, pois desse modo a frase se torna mais elegante.

Lembrar que a sigla (válido também para abreviatura e símbolo), quando mencionada pela primeira vez no texto, deve ser indicada entre parênteses, precedida do nome completo. Como exemplo de sigla, pode-se citar a Associação Brasileira de Normas Técnicas (ABNT). Nas próximas menções, usar somente a sigla ABNT. No final do trabalho, utilizar o recurso do programa Word (Ctrl + l) para localizar as palavras e revisar o texto quanto a não repetir a palavra por extenso.

Apud significa citado por, conforme, segundo. É a citação da citação, que deve ser evitada, porque dá a impressão de que o autor não teve o trabalho de procurar a publicação original.

Exemplo no texto: O artigo de Fulano (2002 apud SICRANO, 2004) apresenta…

3.4.1 Como não escrever

Ao elaborar o texto, o autor não deve incorrer nas seguintes situações:

a) iniciar por assuntos universais: por exemplo, se o tema do trabalho for tratamento de efluentes, não deve iniciar discorrendo sobre o problema da parcela de água potável no planeta, e sim sobre efluentes, a legislação vigente, tipos de tratamentos etc.;

b) o autor deve ter em mente o estado da arte do tema e evitar informações históricas, por exemplo: se o assunto for sobre revestimentos metálicos, não é necessário historiar sobre a descoberta acidental dos metais;
c) se o tema for sobre a influência de elementos de liga no aço inoxidável, não é necessário apresentar o processo de siderurgia do aço;
d) não subdividir demasiadamente o capítulo, colocando subitens muito curtos, de modo que o texto fique muito fragmentado. O recomendado é um texto fluente, encadeado, isto é, as subseções devem estar conectadas entre si, obedecendo a uma sequência lógica.

Dessa forma, um exemplo dessa seção poderia ser visualizado de acordo com o sumário a seguir:

2 REFERENCIAL TEÓRICO
2.1 TEMA GERAL
2.1.1 Conceitos fundamentais
2.1.2 Reações ou mecanismos envolvidos
2.2 CLASSIFICAÇÃO (MÉTODO(S) QUE SERÁ(ÃO) EMPREGADO(S) NO ESTUDO)
2.2.1 **Tipos ou exemplos**
2.2.2 **Subclassificação dos métodos que serão estudados**
2.3 OBJETO DE ESTUDO

Cada seção poderá ser subdividida em até cinco subseções, conforme já descrito no Capítulo 2, Seção 2.3.10.

3.5 Metodologia (materiais e métodos)

Nessa seção, são descritos os materiais e os métodos utilizados no estudo. Realiza-se uma descrição de todo o procedimento experimental realizado no trabalho, portanto o texto deverá estar no passado impessoal.

3.5.1 Materiais

Inicia-se pela descrição dos materiais que não caracterizam "listagem de materiais e reagentes".

Se o tema do TCC for sobre o estudo comparativo entre diferentes revestimentos orgânicos (tintas), inicialmente a subseção de materiais deverá ser designada à composição química da liga utilizada como corpo de prova, na forma de tabela e outras informações relevantes, como área, forma, diâmetro, espessura e número de amostras utilizadas nos ensaios. Também se deve fazer uma justificativa da utilização dos revestimentos escolhidos.

Pode-se mostrar na forma de figuras a aparência dos corpos de prova utilizados no estudo (Figura 3.2).

Figura 3.2 Exemplo mostrando a aparência inicial dos corpos de prova e a tabela apresentando a composição química do aço.

Figura 8 - Amostra sem tratamento superficial

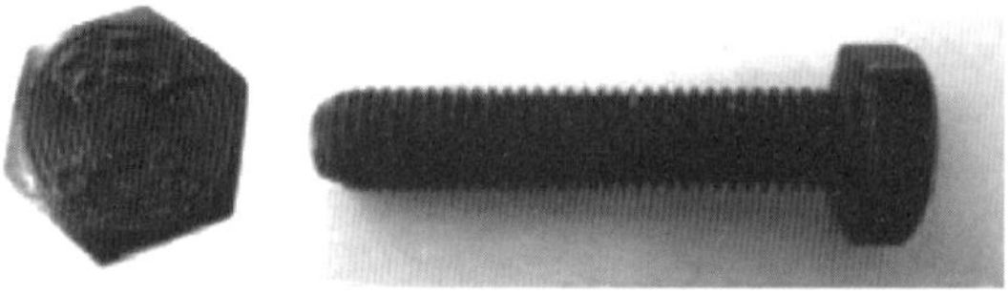

Fonte: o autor

Tabela 5 - Composição química das amostras

Composição DIN EN ISO 898-1	Especificação		Valor encontrado	
	Mínimo	Máximo	Mínimo	Máximo
Carbono	0,150	0,40	0,190	0,190
Fósforo	-	0,035	-	0,017
Enxofre	-	0,035	-	0,014
Boro	-	0,0030	-	0,0024

Fonte: Telles (2011).

3.5.2 Métodos

Na sequência, a subseção Métodos poderá apresentar um fluxograma de blocos, mostrando a sequência operacional realizada para a preparação dos corpos de prova ou um texto com as diferentes técnicas e respectivas normas dos ensaios adotados. À medida que o texto for sendo apresentado, os reagentes e equipamentos utilizados serão citados. Dessa forma, exclui-se a ideia de utilização de listagem de equipamentos e reagentes. Recomenda-se a utilização de fotografias de equipamentos relevantes e/ou processos adotados no estudo (Figura 3.3).

Figura 3.3 Exemplo de um fluxograma mostrando a sequência operacional de um processo.

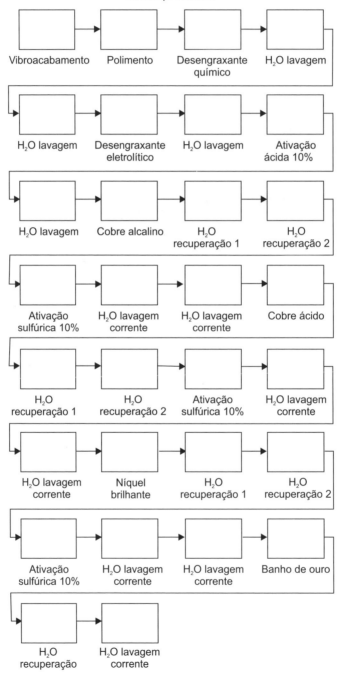

Fonte: Tolardo (2012).

As informações devem ser suficientes para que o ensaio seja reproduzido pelo leitor, porém não se deve pecar pelo excesso de detalhamento. Quando uma técnica for conhecida, tal como uma titulação, as informações apresentadas devem contemplar o reagente da solução titulante, a concentração e o indicador utilizado.

Da mesma forma, métodos amplamente divulgados e facilmente encontrados na literatura, como o método de Mohr, para determinação de cloretos, e o método de Gran, podem ser somente citados no texto. No entanto, se o método foi modificado pelo autor (um ou mais itens do procedimento), tendo o cuidado de não descaracterizá-lo, a alteração deverá ser explicitada e comparada com o método original, e deverá ser destacado como método modificado.

É importante relembrar que cada método está associado a um objetivo específico. Por exemplo, se foram definidos cinco objetivos específicos, deverão constar cinco métodos, bem como cinco resultados.

A metodologia para realização dos ensaios pode ser desenvolvida pelo próprio autor, baseando-se na literatura corrente (artigos, livros, dissertações, teses), ou ainda seguir uma norma-padrão. Geralmente, na área de ciências exatas, adotam-se normas preconizadas pela American Society for Testing and Materials (ASTM), Associação Brasileira de Normas Técnicas (ABNT), National Association of Corrosion Engineers (Nace), International Organization for Standardization (ISO) e Deutsches Institutfür Normung (DIN). Mesmo citando a norma utilizada, deve-se fornecer alguma informação técnica sobre o ensaio, que pode ser na forma de um diagrama. Quando o TCC abordar um estudo de casos dentro da empresa e utilizar normas internas, todas elas deverão ser citadas e referenciadas.

Para citação da norma, na primeira aparição deve-se escrever o nome do autor por extenso, seja pessoa física, seja entidade. Veja o exemplo:

a) o procedimento de coleta e preservação seguiu o descrito em American Public Health Association (Apha) (2005);
b) o ensaio foi realizado segundo a ABNT em sua NBR 14359:2006.

Na segunda aparição, usa-se a abreviação, como exemplificado a seguir:

a) o princípio do teste baseia-se na norma ASTM D 3363-05, e a execução seguiu a norma interna PE-05 de XU (ASTM, 2011; XU, 2010);
b) o procedimento seguiu a NBR 14359:2006 (ABNT, 2006).

Faz parte da metodologia uma breve descrição do princípio de funcionamento dos equipamentos mais relevantes utilizados. Por exemplo, microscópio eletrônico de varredura para determinação de morfologias de óxidos e determinação de elementos químicos por espectroscopia de energia de dispersão (EDS), potenciostato, que é um equipamento que realiza (entre outras técnicas) uma varredura de potenciais com a respectiva leitura de corrente, e o espectrômetro de absorção atômica, para a determinação de metais. É imprescindível informar o nome do equipamento, a marca e o modelo.

Deve-se revisar o texto para se certificar de que não foi feita nenhuma menção aos resultados obtidos nessa seção.

3.6 Resultados e discussão

Observe que o título dessa seção refere-se aos resultados obtidos e à correspondente discussão, portanto não se deve denominar o título Resultados e discussões, e sim Resultados e discussão.

Nessa seção, apresentam-se os resultados obtidos no trabalho experimental, seguido da discussão desses resultados. Deve-se ter o cuidado de não duplicar informações que já constam na metodologia (tais como citar normas adotadas, nome do método, condições ou variáveis experimentais).

Os resultados podem ser apresentados na forma de tabelas, quadros e figuras (já descritos na Seção 2.3.7).

Primeiramente, deve-se escrever um parágrafo apresentando ao leitor os resultados que serão abordados de acordo com o que foi proposto nos objetivos específicos e descritos na metodologia.

Na sequência, os resultados serão apresentados em subseções com um título indicando o nome da técnica (por exemplo: análises de espectroscopia de dispersão em energia; desempenho em relação à névoa salina; análises de calorimetria diferencial de varredura) ou o objetivo do ensaio (por exemplo: avaliação da morfologia da superfície metálica por análises de microscopia eletrônica de varredura; eficiência da recuperação de metais utilizando o método de eletrólise; determinação das propriedades térmicas da parafina por calorimetria diferencial de varredura).

Os resultados podem ser apresentados qualitativa e/ou quantitativamente. A próxima etapa é a discussão dos resultados obtidos de acordo com as bases teóricas apresentadas na seção Referencial teórico (ou Revisão bibliográfica). Após cada tabela ou quadro de resultados apresentados, dizer a seguir se esse resultado foi o esperado e se pode ser comparado a outros encontrados na literatura (artigos, teses, monografias etc.), sugerindo possíveis causas para a concordância ou discordância entre eles. A análise não deve se restringir a uma simples descrição dos dados, mas necessariamente deve indicar uma tendência que permita ao aluno se posicionar firmemente quanto à aplicação daquele estudo.

Essa metodologia deve ser aplicada para todas as subseções correspondentes aos ensaios realizados ou à aquisição de dados.

Para finalizar a seção, deve-se elaborar um parágrafo relacionando os diferentes resultados obtidos, mostrando as inter-relações e as transrelações, demonstrando que estes estão convergindo em uma direção, no sentido de subsidiar a conclusão.

3.7 Conclusão

Um erro muito frequente é nomear essa seção no plural, isto é, Conclusões. Observe que a denominação correta é no singular, Conclusão.

Essa seção dá fechamento ao trabalho e deve ser sucinta, sem citações, totalmente elaborada pelo autor, sem subseções, chegando à conclusão baseada nos resultados discutidos na seção anterior.

A conclusão pode ser iniciada com a apresentação da principal resposta de cada objetivo específico (na forma de parágrafo ou itens), porém não repetindo o resultado já apresentado na seção anterior, e sim avaliando sua influência sobre o que foi proposto.

No final da seção, deve-se apresentar um parágrafo com a conclusão ou consideração final, respondendo ao objetivo geral, resultante da síntese obtida entre as respostas aos objetivos específicos.

Alguns termos relacionados com parametrização não devem ser utilizados quando não for especificado qual o parâmetro de referência. Por exemplo:

- os resultados foram satisfatórios, adequados, bons, ruins, esperados, razoáveis, entre outros.

A seguir, é apresentado um exemplo ilustrativo relacionado com o objetivo geral já citado na Introdução.

Comparar as propriedades mecânicas e o desempenho à corrosão do aço inoxidável 304, contendo teores mínimos e máximos especificados na norma ASTM A 351-10, do elemento de liga níquel.

E os objetivos específicos foram assim determinados:

a) determinar a resistência mecânica das ligas de aço obtidas por ensaios de tração;

b) avaliar a morfologia do filme passivo das ligas de aço obtidas pela microscopia eletrônica de varredura de topo;
c) avaliar o desempenho à corrosão das ligas de aços obtidas utilizando ensaios de névoa salina.

A seguir será mostrada a conclusão decorrente desse trabalho.

A partir dos resultados obtidos nesse estudo, pode-se concluir que:

a) com a adição de teores em torno de 10% (máximo) de níquel, observaram-se a estabilização da austenita e o aumento das propriedades mecânicas;
b) todos os corpos de prova ensaiados com teores máximo e mínimo de níquel apresentaram resultados de ensaio de tração dentro do critério estabelecido na norma ASTM A 351-10;
c) não foram observadas variações na morfologia do filme de óxido passivo no intervalo de concentração de níquel estudado;
d) com o aumento da concentração de níquel, observou-se o aumento da resistência à corrosão.

O teor de níquel não influenciou a morfologia do filme passivo, permitindo obter resultados de ensaio de tração dentro do critério estipulado pela norma ASTM A 351-10, porém os teores máximos aumentaram as propriedades mecânicas e a resistência à corrosão.

3.8 Sugestões para futuros trabalhos

Essa seção deve mostrar a experiência adquirida durante a realização do TCC e pode nortear a continuação dessa linha de pesquisa. O autor deve fazer uma análise crítica, identificando possíveis melhorias, como a realização de ensaios que permitam complementar a interpretação dos dados, a alteração de variáveis que podem influenciar a propriedade estudada, realizar estudos de viabilidade econômica, ambiental e sustentabilidade. Quando forem realizados experimentos em escala de bancada, propor novos experimentos e projeto de escala-piloto, entre outros.

Também se deve propor a utilização de outras técnicas de avaliação não utilizadas, porém que podem contribuir para o aprimoramento do trabalho.

Nessa seção, as frases devem iniciar com um verbo no infinitivo, de acordo com o exemplo a seguir.

Para a realização de trabalhos futuros, que têm por objetivo investigar a influência do teor de elementos de liga no desempenho à corrosão e nas propriedades mecânicas, propõe-se:

- alterar os teores máximos e mínimos de outros elementos de liga, como cromo, titânio e manganês, para verificar sua influência nas propriedades mecânicas e resistência à corrosão;
- realizar ensaio metalográfico para avaliar a microestrutura e a formação de carbonetos de cromo no contorno de grão para averiguar sua influência na corrosão e no aparecimento de trincas;
- realizar um estudo para averiguar a viabilidade econômica quanto à relação custo *versus* benefício do aumento do teor de elementos de liga, em relação à alteração das propriedades.

Os resultados desses ensaios poderão contribuir para a melhor interpretação do comportamento da liga diante das propriedades avaliadas.

3.9 Referências

Na seção Referências, devem ser elencadas, em ordem alfabética de autor ou na sequência numérica, todas as obras citadas no texto.

As referências devem seguir a normativa estipulada no curso, porém não excluem que os estudantes conheçam a versão atualizada da ABNT NBR 6023, uma vez que esse tópico faz parte da avaliação do Exame Nacional do Desempenho do Estudante (Enade).

Os alunos devem estar cientes de que as descrições usadas para a localização das obras em bibliotecas adotam alguns caracteres que não fazem parte dos elementos essenciais, segundo a ABNT. Por exemplo, no acervo da biblioteca encontra-se a referência do livro da seguinte forma:

SKOOG, Douglas A. **Fundamentos de química analítica**. São Paulo: Thomson, 2006. 1085 p. ISBN 8522104360.

Porém, essa referência não está escrita de acordo com a ABNT NBR 6023, porque não informa os nomes dos demais autores. Para atender à norma, a referência deverá ser redigida da seguinte forma:

SKOOG, Douglas A. et al. **Fundamentos de química analítica**. 5. ed. São Paulo: Thomson, 2006. 1085 p.

Para citar livros, manuais, catálogos, certificados de ensaio, instruções de ensaios utilizados em laboratórios ou empresas e fôlderes, os elementos essenciais e a ordem de citação devem ser:

SOBRENOME, nome ou inicial do autor. **Título da obra**. edição (6. ed.). Cidade: Editora, ano de publicação. Depois do ano podem ser acrescentadas outras informações que auxiliem a identificar a obra, como número de páginas (320 p.), volume (v. 1), número do International Standard Book Number (ISBN). ISBN é um sistema que identifica numericamente os livros segundo o título, o autor, o país e a editora, individualizando-os inclusive por edição.

Para identificar referências de periódicos, o nome do periódico deverá estar em negrito, diferente da apresentação da citação de livro, exemplificada anteriormente. Publicações periódicas podem ser resumos (*overviews*), artigos completos, reportagens ou publicações com frequência sequencial, que pode ser por período bimestral, trimestral ou semestral de revistas, *journals* (periódico, revista, publicação) e boletins técnicos.

Para citar publicações periódicas, os elementos essenciais e a ordem de citação devem ser:

SOBRENOME, nome ou inicial do autor. Título da obra. **Nome do periódico**, Cidade, ano (ano 1), volume (v. 3), número (n. 2), página inicial e final (p. 10-15), mês abreviado, ano. Depois do ano podem ser acrescentadas outras informações que auxiliem a identificar a obra, como edição especial, suplemento e o número do International Standard Serial Number (ISSN). ISSN é o número identificador de publicações seriadas aceito internacionalmente.

EXEMPLO:

HATTORI, Masanori et al. EIS study on degradation of polymer-coated steel under ultraviolet radiation. **Corrosion Science**, [S.l.], v. 52, p. 2080-2087, 2 fev. 2010.

Para identificar referência de eventos, como congressos, simpósios, reuniões técnicas e encontros, os resultados podem ser apresentados na forma de atas, resumos, anais (encontros nacionais) ou *proceedings* (encontros internacionais — publicação de trabalhos completos).

Os elementos essenciais e a ordem de citação devem ser: Nome(s) do(s) autor(es). Título do trabalho. In: NOME DO EVENTO, número do evento (12.), ano, cidade. **Resumos**... cidade de publicação: editora, ano.

EXEMPLO:

PIAZZA, D. et al. Obtenção de nanocompósitos de poliéster-montmorilonita (MMT) aplicados à tinta em pó — Parte 2: avaliação do desempenho à corrosão. In: CONGRESSO BRASILEIRO DE POLÍMEROS, 10., 2009, Foz do Iguaçu. **Anais**... São Carlos: CBPOL, 2009.

3.10 Anexos e apêndices

O anexo e o apêndice, assim como figuras e tabelas, devem ser apresentados no texto. Essa seção não numerada e centralizada é identificada por letras maiúsculas consecutivas, desta forma:

APÊNDICE A — Legenda iniciando com a primeira letra maiúscula e sem ponto no final.

O apêndice é um documento criado pelo autor do TCC e, por suas dimensões, fica melhor no final do trabalho do que no corpo deste. Por exemplo, uma tabela do Excel utilizada para a construção de gráficos; uma tabela com muitos dados, ocupando mais do que duas folhas; a planta baixa de um projeto; um fluxograma de blocos representando o processo estudado ou da metodologia, entre outros.

ANEXO A — Legenda iniciando com a primeira letra maiúscula e sem ponto no final.

O anexo é um documento que o autor consultou, mas não é uma citação. Por exemplo, pode ser considerado anexo um mapa do Google que ajuda a identificar o local de execução do trabalho; uma figura de satélite para auxiliar na identificação do local de coletas de amostras; o projeto de uma estação de tratamento de efluentes na qual foram coletadas as amostras; certificados de análises de composição química de materiais metálicos utilizados no trabalho (emitidos por agente externo), entre outros.

4

Apresentando e avaliando o TCC

4.1 Avaliação do processo de construção do TCC

O processo de construção do TCC inclui todas as etapas desenvolvidas para a realização do trabalho. O orientador avalia desde a definição do tema que será estudado, o levantamento de hipóteses, a definição dos objetivos e os aspectos científicos desenvolvidos e obtidos na elaboração do trabalho. O orientador, com o coordenador da disciplina de TCC, deve avaliar a formatação do trabalho de acordo com as regras estabelecidas pelo colegiado do curso e também pode estabelecer prazos e critérios de avaliação para a realização de cada etapa segundo o cronograma de atividades. A média final do TCC poderá incluir a média de todas as atividades desenvolvidas ao longo do período destinado para tal mais a média atribuída pela banca examinadora e uma avaliação final do orientador da capacidade do aluno em atender às recomendações da banca examinadora.

4.2 Sessão da apresentação do TCC

4.2.1 Banca avaliadora

Os membros da banca avaliadora devem ser profissionais com experiência no tema desenvolvido, de modo que possam contribuir e aperfeiçoar o trabalho apresentado. A experiência profissional e acadêmica permitirá contribuir tanto com a formatação quanto com o aspecto científico do trabalho. A escolha dos membros avaliadores deve ser conduzida pelo orientador com a anuência do aluno. O convite deve ser feito pessoalmente pelo aluno, que, após o aceite, deve entregar uma cópia impressa antecipadamente à data da apresentação, em um tempo hábil para que possa ser feita a apreciação do trabalho. Com a cópia deverá ser entregue um lembrete com dia, hora e local da apresentação.

As competências dos membros da banca examinadora são:

a) ler de forma minuciosa a monografia;
b) revisar a ortografia e concordância, deixando indicado no texto, sem a necessidade de levantar essas correções durante o tempo reservado à sua arguição;
c) revisar as citações e referências, validando o texto e inibindo fraudes;
d) fazer anotações com contribuições, ressaltando os pontos negativos e positivos do trabalho (por exemplo: um quadro bem-elaborado, a sequência de um processo, entre outros), dúvidas e/ou questionamentos sobre o conteúdo. No tempo reservado para a arguição, essas questões devem ser direcionadas ao aluno;
e) respeitar o tempo e a argumentação do aluno, podendo concordar ou não, de modo que a discussão possa continuar, permitindo ao aluno demonstrar seu domínio sobre o tema e fornecendo ferramentas para a avaliação do trabalho;
f) avaliar a apresentação e o trabalho escrito, atribuindo nota, conceito ou aprovação.

4.2.2 Apresentação do TCC

Como essa etapa é muito importante na vida acadêmica, o curso do qual o aluno faz parte deve divulgar, por meio de ambiente virtual e murais, a data e a hora das apresentações de TCC, incentivando, dessa forma, que os demais acadêmicos prestigiem e preparem-se para o evento.

A apresentação do TCC é uma sessão solene, à qual o aluno deverá dar a devida importância, e, como qualquer evento, existe um protocolo a ser seguido. Poderão ser convidados os colegas, professores e familiares.

O aluno deve organizar o ambiente antecipadamente, verificando o funcionamento do equipamento multimídia que será utilizado, bem como a compatibilidade de programas e arquivos. Também deve receber, com o orientador, os membros da banca e conduzi-los para os assentos reservados, nos quais estará a documentação necessária para a avaliação (ficha de avaliação da monografia e da apresentação).

Em seguida, a sessão é conduzida pelo orientador, que deve apresentar o aluno e os membros avaliadores (deverá destacar o local de atuação e um breve resumo da experiência profissional), agradecendo a estes últimos por terem aceitado o convite para a participação na banca avaliadora. Cabe ao orientador esclarecer os membros da banca sobre a forma de avaliação, de acordo com a documentação disponível e o tempo reservado tanto para a apresentação do aluno quanto para as arguições. Na sequência, o aluno é convidado a iniciar sua apresentação (sugere-se em torno de 30 minutos para a apresentação oral).

A apresentação do TCC é a exposição do trabalho e do conhecimento adquirido durante sua vida acadêmica, em que o aluno pode receber desde o reconhecimento de sua dedicação até críticas obtusas em relação à parte escrita e à apresentação oral do trabalho. Portanto, o impacto em relação à postura do aluno (vestimenta adequada à ocasião, segurança e empatia) é primordial para cativar a plateia e os membros da banca avaliadora. A organização e a clareza da apresentação permitirão o entendimento do trabalho, mantendo o interesse por parte dos presentes. O aluno deve mostrar atitudes de entusiasmo, acreditar e defender o trabalho no sentido de demonstrar o conhecimento adquirido durante o desenvolvimento do TCC, evitando, contudo, atitudes de arrogância ou excesso de confiança.

Ao final da apresentação, deve permanecer em silêncio, abrindo espaço para o orientador continuar conduzindo a sessão. O orientador deverá convidar primeiramente o membro da banca avaliadora que não faça parte de seu departamento/centro/instituto para se pronunciar. Deverá monitorar o tempo de cada participação e permanecer neutro, deixando espaço para que o aluno demonstre o conhecimento adquirido. Se necessário, deverá mediar conflitos que possam surgir, como lembrar que se trata de um trabalho de graduação, e não de uma dissertação de mestrado.

Durante a arguição dos membros da banca, o aluno deverá ter em mãos uma cópia para acompanhar as sugestões/perguntas e esclarecimentos solicitados.

Encerradas as arguições, o orientador deve convidar a plateia e o aluno para se retirarem do recinto, e a banca examinadora irá então deliberar sobre a avaliação final do trabalho. Cabe ao orientador preencher a ata de apresentação, convidar a plateia e o aluno a retornarem ao recinto e realizar a leitura da ata, finalizando, dessa forma, a sessão.

4.2.3 Roteiro de apresentação

Os *slides* para a apresentação da monografia devem ter um visual limpo, simples e sem excesso de informação, de preferência em tópicos e com frases curtas, em fundo escuro (azul, verde ou tons de terra, por exemplo). Não se deve utilizar fundo de cores vermelha, laranja e amarela. Fundos com tonalidades claras podem mostrar imperfeições e manchas da tela, prejudicando o visual do *slide*. As letras devem ser claras. Sugere-se fonte Arial ou similares, que facilitem a leitura quando projetadas. Evitar fontes com traços ou sombreamento (fonte serifada). O tamanho da fonte deverá ser de 20, no mínimo (POLITO, 2012).

É importante elaborar o número total de *slides* compatível com o tempo de apresentação. Lembrando que os *slides* introdutórios e os finais (conclusão, referências, agradecimentos) despendem menos tempo de exposição. É importante reservar mais tempo para a apresentação dos *slides* referentes aos resultados e à discussão.

Como sugestão, a apresentação deve seguir a mesma estrutura da monografia: capa do trabalho, sequência da apresentação do trabalho (opcional), introdução com objetivos, referencial teórico, materiais e métodos, resultados e discussão, conclusão, sugestões para futuros trabalhos, principais referências bibliográficas e agradecimento à plateia, detalhados a seguir:

a) capa do trabalho: deverá constar nome e logo da instituição, centro ou instituto, curso, título do trabalho, nome do aluno, nome do orientador, local e data;
b) sequência da apresentação: são os tópicos que serão abordados na apresentação;
c) introdução com objetivos: breve exposição da relevância do trabalho, aplicação e/ou contribuições para a área das ciências exatas. Citar os objetivos geral e específicos; a elaboração de hipóteses é opcional;
d) referencial teórico: nesses *slides,* expor com suas palavras os principais autores e suas citações, que são a base da fundamentação do tema proposto. Para citações identificadas com o nome do autor, as referências correspondentes devem ser apresentadas no rodapé do *slide*, em fonte menor. Podem ser utilizados fórmulas, equações, reações químicas, quadros cronológicos mostrando a evolução do tema, porém **não deve haver textos**;
e) materiais e métodos: usar organogramas para demonstrar os processos utilizados, citar os ensaios realizados com a fonte da informação (normas, métodos etc.);
f) resultados e discussão: os resultados devem ser apresentados, quando possível, na forma de figuras numeradas na ordem da apresentação, com legenda (gráficos, tabelas, quadros, imagens de microscopia, fotografia, metalografias). A discussão dos resultados será feita oralmente (não deve constar como tópico nos *slides*), quando o aluno, então, poderá mostrar uma tabela sumarizando os principais resultados encontrados;
g) conclusão: os itens da conclusão devem ser lidos, e não repetidas as explicações anteriormente expostas. Deverão ser apresentados em tópicos, com marcadores, não necessariamente com o mesmo texto da monografia;

h) sugestões para futuros trabalhos: deverão ser apresentadas em tópicos, e as considerações pertinentes (cuidados, erros cometidos, melhoramentos do processo), se necessárias, podem ser explicadas oralmente;
i) principais referências bibliográficas: são listadas as mesmas que foram apresentadas no referencial teórico;
j) agradecimento à plateia: esse *slide* pode ter um toque de descontração (sem perder a formalidade), apresentando o agradecimento com uma fotografia dos colegas no próprio local de trabalho (laboratório, empresa).

A seguir, apresentamos um roteiro para guiar a organização da apresentação utilizando o PowerPoint.

```
┌─────────────────┐  NOME DA INSTITUIÇÃO
│   LOGO DA       │  CENTRO, INSTITUTO OU DEPARTAMENTO
│   INSTITUIÇÃO   │  NOME DO CURSO DE GRADUAÇÃO
└─────────────────┘


              TÍTULO DO TRABALHO


   Nome do aluno

   Titulação e nome do orientador
   Titulação e nome do co-orientador

                   Cidade, ano
```

APRESENTAÇÃO

Elabore em tópicos os capítulos que serão mostrados na sua exposição. Os tópicos seguirão a mesma ordem das seções do TCC.

- Introdução
- Objetivo geral
- Objetivos específicos
- Revisão bibliográfica
- Materiais e métodos
- Resultados e discussões
- Conclusão
- Sugestões para futuros trabalhos
- Principais referências

INTRODUÇÃO*

- Relevância do trabalho;
- Contribuição científica;
- Aplicação e/ou contribuição para a área das ciências exatas;
- Proposta do TCC.

*Apresentação em tópicos.

OBJETIVOS*

Objetivo geral

*Conforme está escrito na monografia.

OBJETIVOS ESPECÍFICOS*

- Objetivo específico 1
- Objetivo específico 2
- Objetivo específico 3
- Objetivo específico 4
- Objetivo específico 5
- Objetivo específico 6

(Se necessário, utilizar mais de um *slide*, evitando excesso de texto)

*Apresentação em tópicos.

REVISÃO BIBLIOGRÁFICA*

Elabore em tópicos os principais temas apresentados na monografia e que fundamentam cientificamente o problema da investigação.

*As referências utlizadas deverão aparecer no rodapé da apresentação.

MATERIAIS E MÉTODOS

Mostre a metodologia utilizando fluxogramas, organogramas, tabelas e esquemas que permitam acompanhar o procedimento usado para a coleta de dados.

Planeje na seguinte ordem:
- Explique a fundamentação do ensaio resumidamente (1 ou duas frases);
- Organize o esquema da metodologia utilizada, passo a passo (de maneira que possa ser entendido e reproduzido), evitando informações desnecessárias.

MATERIAIS E MÉTODOS

Exemplificando, se foi utilizada uma titulação, as informações relevantes são:

- número de alíquotas;
- reagente titulante e concentração;
- indicador utilizado.

Finalize citando a norma ou a referência utilizada para a execução do ensaio.

RESULTADOS E DISCUSSÕES

Apresentar utilizando as mesmas ilustrações (tabelas, gráficos, figuras).

As figuras devem ser mostradas sem necessidade de um texto prévio, somente com a legenda, mantendo a mesma numeração do TCC para orientar a banca examinadora.

Após o resultado, poderá ser inserida uma frase ou duas da principal discussão daqueles resultados mostrados. Porém, o aluno não deve se restringir a ler o *slide*; a explicação deverá ser visual e acompanhada da explanação oral.

CONCLUSÃO

A conclusão pode ser um resumo do que está escrito no TCC, em tópicos, que serão lidos pelo aluno, sem a necessidade de mais explicações.

SUGESTÃO PARA FUTUROS TRABALHOS

Este *slide* pode conter as sugestões resumidamente, e o aluno poderá explicar mais detalhadamente cada item oralmente.

REFERÊNCIAS

As referências devem ser rapidamente mostradas, sem a necessidade de ser lidas ou comentadas.

AGRADECIMENTOS

Este *slide* poderá conter uma fotografia da equipe, logos das entidades envolvidas na pesquisa (laboratórios, órgãos de fomento), com tópicos agradecendo a universidade onde foi realizado o trabalho, a banca examinadora e a plateia.

Após, o aluno deve se dirigir à banca examinadora e se prontificar a responder aos questionamentos. Deve responder de forma clara e objetiva (evitar rodeios, que certamente serão percebidos), podendo utilizar os *slides* da apresentação para ajudar à exposição de sua ideia central.

Também pode preparar *slides* complementares de assuntos que possam ser arguidos pelos membros da banca, a fim de complementar seu posicionamento. Esses *slides* podem conter, por exemplo, a realização de um experimento que não obteve o resultado esperado, uma vez que é comum a banca sugerir novas rotas experimentais.

4.2.4 Avaliação

Os itens a serem avaliados pela banca examinadora podem ser divididos entre a parte escrita (monografia) e a apresentação oral. Os itens a serem avaliados quanto à parte escrita são:

a) caracterização do problema e abrangência do trabalho;
b) revisão bibliográfica atualizada e com autores expoentes na área;
c) utilização de técnicas pertinentes e atualizadas aos objetivos propostos;
d) resultados e discussão: capacidade do aluno em destacar os principais resultados e relacioná-los com os objetivos propostos e a fundamentação na literatura;
e) conclusão: clareza, objetividade, coerência e poder de síntese;
f) referências bibliográficas: a qualidade de livros, artigos de periódicos, teses e dissertações, patentes de invenção e técnicas. Observar se todas as citações estão listadas nas referências e a grafia de acordo com o modelo adotado;
g) qualidade do trabalho: correção gramatical, formatação básica, revisão final, qualidade gráfica.

Quanto à apresentação oral, são relevantes os seguintes itens:

a) introdução do tema e objetivos de forma clara;
b) fundamentação teórica: apresentação dos principais autores que dão subsídios para a argumentação do trabalho;
c) a metodologia usada permite chegar aos resultados encontrados e se estão de acordo com os objetivos propostos;
d) resultados apresentados de forma clara e objetiva, utilizando recursos visuais adequados, que permitam relacionar os dados obtidos para comprovar sua argumentação;
e) conclusão: poder de síntese e conectividade com os objetivos propostos;

f) organização da apresentação de maneira a respeitar o tempo de exposição, segurança e postura adequada nas respostas dos questionamentos, utilizando palavras e termos apropriados à linguagem técnico-científica;
g) domínio do conteúdo e defesa da proposta.

Após a entrega da versão final do TCC, na qual o aluno reformulou, corrigiu e seguiu as sugestões propostas pela banca examinadora, o orientador poderá realizar a avaliação final baseada nos seguintes itens:

a) executou as tarefas do plano de trabalho dentro dos prazos estabelecidos;
b) foi assíduo durante o período de execução do trabalho;
c) apresenta capacidade para trabalho individual;
d) tem aptidão para expressão escrita;
e) utilizou e se apropriou adequadamente dos termos técnicos da área de pesquisa;
f) tem capacidade em seguir as considerações da banca examinadora, reelaborando os itens que foram apontados pelos avaliadores;
g) tem aptidão para pesquisas avançadas propondo inovações (sugestões de métodos de análises, de rotas experimentais, mecanismos, análises e interpretações dos resultados, estabelecendo relações interdisciplinares).

Ao coordenador do TCC cabe avaliar os seguintes itens:

a) cumprimento dos prazos estabelecidos para a realização das tarefas;
b) formatação do TCC de acordo com as normas estabelecidas;
c) avaliação do trabalho sob o ponto de vista crítico, verificando se a consistência da fundamentação teórica oferece suporte para a discussão e a coerência dos resultados, o poder de síntese da conclusão utilizando termos aceitos cientificamente e não generalizados sem parametrização.

4.2.5 Publicações pós-término do TCC

Mesmo que a proposta do TCC não seja inicialmente inovadora e/ou todos os ensaios previstos não tenham sido executados, após a apresentação, com o amadurecimento do autor e as sugestões da banca examinadora, o trabalho pode ser complementado, tornando-se apto à publicação. O TCC poderá ser publicado na forma de artigo completo, resumo estendido ou painel em encontros científicos da área, ou até mesmo em uma revista científica (CARLI et al., 2011; GURGEL et al., 2008; POPIOLSKI et al., 2012; ZANCHET et al., 2009; PERTILE; BIRRIEL, 2014). Nesse caso, o autor deve consultar as regras de publicação do evento/periódico e fazer as adequações necessárias.

5

Encerrando o TCC

Raquel Furtado Conte

5.1 Sentimentos ocultos em relação ao TCC

A ideia central desta seção é refletir acerca do sentimento de vazio e de tristeza que pode invadir parte dos estudantes ao término da graduação, os quais geralmente são vivenciados após a apresentação do TCC. Para essas reflexões, procurou-se abordar as tarefas de desenvolvimento envolvidas nesse momento da vida, procurando compreender os intensos significados relativos a essa etapa, a qual demarca términos e ao mesmo tempo aponta para novos começos. Por meio das revisões e ideias relacionadas com a passagem de uma etapa de vida à outra, é possível perceber que há fatores externos e internos ao indivíduo que influenciam esse processo de transição.

5.1.1 Rito de passagem

Em termos acadêmicos, o TCC implica uma integração dos estudos realizados desde a formação básica até a formação mais específica, que promove a evolução do conhecimento e permite sua consolidação. Seu término acontece após a "defesa", portanto é coerente pensarmos que ele pode ser um marco definidor entre a transição da graduação e a colação de grau e, dessa forma, pode ser considerado um rito de passagem. De acordo com Kacelnik (1974, p. 79), "os ritos são aqueles que acompanham a passagem do indivíduo de um grupo a outro, de um *status* a outro, seja na infância, na puberdade e vida adulta". O TCC reflete, também, o comprometimento do indivíduo com a profissão escolhida, bem como permite a reavaliação de suas escolhas, das suas experiências vividas, ao mesmo tempo que se faz uma antecipação do que está por vir, em termos profissionais e pessoais (TEIXEIRA; GOMES, 2004).

5.1.2 Grupo de pares e o papel na formação da identidade e individuação

Durante a formação acadêmica, o jovem fortalece seus vínculos afetivos e relacionais com a turma de colegas, sendo um dos fatores que proporcionam maior apego entre eles e servem de estímulo à continuidade do curso. Muitas vezes, a falta de entrosamento com os colegas já pode servir como um indicador de insatisfação do jovem com seu grupo e suas escolhas. Porém, o sentimento de competência social durante a graduação pode ficar ameaçado com a apresentação do TCC e a proximidade do término da graduação. Esse pode ser um marco perigoso, ameaçador para o equilíbrio do indivíduo, que, até então, estava adaptado a um meio social que terá de ser modificado. A inserção em um novo mercado de relações, sustentado pelo trabalho, pode se basear nas habilidades e competências alcançadas desde a graduação ou, caso isso não seja suficiente ou visto positivamente, pode servir de fator ansiogênico, pelo qual o indivíduo precisa ativar novamente suas habilidades e competências.

5.1.3 Fatores internos e externos implicados no processo da independência

Nesse sentido, o TCC e a proximidade do término da graduação podem ter um significado diferente para cada indivíduo. Assim como podem ser um desafio prazeroso, que visa a estimular sua autonomia e independência, podem também vir a representar uma situação extremamente ansiogênica, de corte e separação com uma identidade de si mesmo, ainda insegura e imatura. De acordo com pesquisas realizadas por Teixeira e Gomes (2004), as características pessoais ressaltam uma associação entre a autodescrição do aluno e os diferentes níveis de envolvimento com o curso e com o próprio processo de transição. É, portanto, indissociável a relação entre a autoimagem do indivíduo e o significado atribuído ao término da graduação.

Podemos então elencar como facilitadores desse processo uma autoestima e autoimagem positivas, uma vivência satisfatória em relação à busca de autonomia, iniciativa e independência. E, conforme citado por Blos (1967), alguns retrocessos e inibições no desenvolvimento podem surgir caso o adulto jovem tenha de se defrontar com tarefas com as quais não se sente maduro para lidar.

De acordo com os achados de pesquisa de Teixeira e Gomes (2004), muitos alunos descreveram que a proximidade da finalização do curso envolve a necessidade de assumir mais responsabilidade no plano profissional, trazendo uma série de expectativas em relação ao futuro, em termos profissionais e pessoais. Os pesquisadores apontam ainda que a transição da universidade para o mercado de trabalho implica um momento de antecipação de projetos, e não de realização destes. Talvez por esse motivo os jovens se sintam ansiosos e, por vezes, se deprimam, pois o desconhecido gera angústia pela ignorância e não domínio daquilo que está por vir.

Da mesma forma, pode gerar uma confusão em relação à identidade: estudantes ou profissionais? Diante do desconhecido, ou de situações novas, podemos ter diferentes atitudes, como: a de enfrentamento, a evitação ou a negação. Se o enfrentamento preponderar, apesar do medo, vamos cautelosamente desafiando nossos corpos e mentes na busca do novo, acreditando, com base em experiências valiosas anteriores, que podemos encontrar muitas coisas positivas pela frente. Mas, se evitarmos, estaremos diante da dúvida, da incerteza, pois o não enfrentamento nos impede de superar os medos, ansiedades e inseguranças, diminuindo também a visão positiva do indivíduo, podendo gerar um sentimento de impotência e fracasso. Se a negação predominar, ocorre um desligamento em relação ao momento vivido, sendo possível desprezar a importância da conquista obtida ou recriar uma nova realidade com aquilo que convém. Para isso, é necessário fazer uma alienação da realidade, sendo comum cortar os elos com ela: os vínculos e os sentimentos passam a não ser vividos como tal, e o indivíduo não assume sua nova condição e passa a viver distante de tudo que possa representar essa situação nova. É possível que a evitação e a negação permitam ao indivíduo viver na ilusão ou fantasia, com atividades mais prazerosas e menos angustiantes de lidar: antigas conhecidas que levam a lugares seguros.

Tais atitudes não promovem o desenvolvimento e, possivelmente, levam à permanência no colo dos pais, no abrigo e na proteção deles. Dessa forma, a autonomia e a iniciativa pessoais não são desenvolvidas. Há vários motivos para que o adulto jovem não alcance uma maior independência e se utilize da evitação e da negação da realidade, como: o sentimento de insegurança, de desconfiança de si e dos demais, com o predomínio da dúvida sobre suas habilidades e capacidades. Como um bebê, que ao explorar o mundo precisa retornar aos braços da mãe constantemente, para ganhar vitalidade e segurança, muitos jovens podem se sentir dessa forma na passagem da graduação para o mundo do trabalho.

5.1.4 TCC: gestação e desapego

Além da superação dos aspectos relativos à identidade do jovem com seu grupo, bem como de compreensão e amadurecimento em relação às suas características e conflitos internos, e de aspectos externos que podem interferir em sua individuação e independência, o TCC em si também exige uma demanda excessiva de concentração e de envolvimento intenso em sua produção. Portanto, é necessário que haja um posterior desapego após sua apresentação. É sabido que são necessários meses de esforços, tanto intelectuais como afetivos/emocionais, pois o trabalho exige, em parte, uma apropriação do tema escolhido, com estudos e pesquisas constantes. Também é necessária uma renúncia parcial das atividades sociais e de lazer, que podem ser resgatadas posteriormente.

Há quem compare o desenvolvimento e o término de um TCC com uma gestação, no sentido de que ao final do trabalho os alunos comentam: "o filho nasceu!". Não é por acaso essa associação, uma vez que um filho também é gerado ao longo de um tempo previamente demarcado, trazendo expectativas com um misto de ansiedade e alegria intensas. E, como também pode acontecer com uma gravidez, quando o filho nasce (e o TCC fica pronto e posteriormente é apresentado), independentemente de ter sido bem planejado ou não, traz consigo uma mistura de emoções que se irradiam aos demais, provocando as mais infinitas possibilidades de significação àqueles que estão ao redor. Enquanto alguns sentirão apenas alegria, outros apenas tristeza, é provável que alguns sentirão tantas emoções contraditórias que também ficarão perdidos e assustados. É comum que o resultado obtido possa causar estranhamento e vazio, pois há ainda um luto a ser elaborado em relação a todo o investimento de energia deslocado à construção do trabalho.

Algo novo deve surgir após a conclusão do TCC, o qual muitas vezes coincide com a separação da turma e da universidade. E, enquanto esse lugar vago não é ocupado com novos projetos, é possível que apareça a angústia e o vazio. Mas o ser humano tem a tendência de buscar satisfação, de investir em objetos que possam, de alguma forma, saciar seus desejos.

Em termos afetivos/emocionais, o TCC integra, portanto, desejos e expectativas, experiências vividas, e exige a tarefa de elaborar perdas da fase anterior de estudante, ao mesmo tempo que exige uma tarefa de planejamento futuro, com novos planos e projetos.

Referências

AQUINO, I. de S. **Como escrever artigos científicos**: sem arrodeio e sem medo da ABNT. 8. ed. São Paulo: Saraiva, 2010.

ASSOCIAÇÃO BRASILEIRA DE NORMAS TÉCNICAS (ABNT). **NBR 6023**: informação e documentação — referências — elaboração. Rio de Janeiro, ago. 2002a.

_____. **NBR 6024**: informação e documentação — numeração progressiva das seções de um documento escrito — apresentação. Rio de Janeiro, fev. 2012a.

_____. **NBR 6027**: informação e documentação — sumário — apresentação. Rio de Janeiro, dez. 2012b.

_____. **NBR 6028**: informação e documentação — resumo — apresentação. Rio de Janeiro, nov. 2003.

_____. **NBR 10520**: informação e documentação — citações em documentos — apresentação. Rio de Janeiro, ago. 2002b.

_____. **NBR 14724**: informação e documentação — trabalhos acadêmicos — apresentação. Rio de Janeiro, mar. 2011.

BLOS, P. The second individuation process of adolescence. **Psychoanalytic Study of the Child**, [S.l.], v. 22, p. 162-186, 1967.

CARLI, L. N. et al. Characterization of natural rubber nanocomposites filled with organoclay as a substitute for silica obtained by the conventional two-roll mill method. **Applied Clay Science**, [S.l.], v. 52, p. 56-61, 2011.

FURASTE, P. A. **Normas técnicas para o trabalho científico**. 15. ed. Porto Alegre: Dáctilo-Plus, 2011.

GURGEL, A. A. et al. Incorporação de pó de pneu em uma formulação para banda de rodagem de pneu de motocicleta. **Polímeros**: Ciência e Tecnologia, [S.l.], v. 18, n. 4, p. 320-325, 2008.

HINES, W. W. et al. **Probabilidade e estatística na engenharia**. Rio de Janeiro: LTC, 2012.

INSTITUTO BRASILEIRO DE GEOGRAFIA E ESTATÍSTICA (IBGE). **Normas de apresentação tabular**. Rio de Janeiro, 1993.

KACELNIK, Z. **A circuncisão**: o mito e o rito. Rio de Janeiro: Documentário, 1974.

MONTGOMERY, D. C.; RUNGER, G. C. **Estatística aplicada e probabilidade para engenheiros**. Rio de Janeiro: LTC, 2009.

POLITO, R. **Superdicas para um trabalho de conclusão de curso**. São Paulo: Saraiva, 2012. 136 p.

PERTILE, T. S.; BIRRIEL, E. J. Corrosion resistance of investment casting samples of CF8 stainless steel in different passivation conditions. **Materials and Corrosion**, v. 65, n. 12, p. 1172-1177, dez. 2014.

POPIOLSKI, T. M. et al. Characterization of films of weak polyelectrolytes incorporated with poly (vinyl-pyrrolidone) stabilized gold nanoparticles. **Journal of Nanoscience and Nanotechnology**, [S.l.], v. 12, p. 8023-8028, 2012.

REINHEIMER, F. **Estudo comparativo entre uma tinta poliuretano alto sólidos e uma tinta poliuretano convencional**. Monografia (Trabalho de Conclusão de Curso), Universidade de Caxias do Sul, Caxias do Sul, 2011. 66f.

RIBEIRO, J. C. D.; TEN CATEN, C. **Apostila de aula**: série monográfica qualidade — projetos de experimentos. Porto Alegre: UFRGS, 2003.

RUSSEL, J. B. **Química geral**. 2. ed. São Paulo: Pearson Education, 1994. 621 p.

TEIXEIRA, M. A.; GOMES, W. B. Estou me formando, e agora? Reflexões e perspectivas de jovens formandos universitários. **Revista Brasileira de Orientação Profissional**, v. 5, n. 1, p. 47-62, 2004.

TELES, R. A. **Avaliação da resistência à corrosão de parafusos zincados e cromatizados**. Monografia (Trabalho de Conclusão de Curso), Universidade de Caxias do Sul, Caxias do Sul, 2011. 66f.

TOLARDO, D. **Estudo comparativo de desempenho entre os revestimentos de ouro e verniz catafor ético**. Monografia (Trabalho de Conclusão de Curso), Universidade de Caxias do Sul, Caxias do Sul, 2012. 76f.

UNIVERSIDADE DE CAXIAS DO SUL. Conselho de Ensino, Pesquisa e Extensão. **Resolução nº 01-08-Cepe**. Aprova as diretrizes gerais para os trabalhos de conclusão de curso de graduação da Universidade de Caxias do Sul. 2008. Disponível em: <http://www.ucs.br/portais/curso108/documentos/7843/download/>. Acesso em: 18 jul. 2016.

ZANCHET, A. et al. Characterization of microwave: devulcanized composites of ground SBR scraps. **Journal of Elastomers and Plastics**, [S.l.], v. 41, p. 497-507, nov. 2009.

# Índice

A

Agradecimento, 28, 29
Aluno, competências do, 4
Análise
    da importância, 8
    de variância para dois fatores, 15
Anexos e apêndices, 53
ANOVA
    montagem da tabela, 11, 12
    one-way, 8
    para planejamento experimental, com três fatores, 15, 16
    para um único fator, 12
Artigo científico, 2
Associação Brasileira de Normas Técnicas (ABNT), 22
Avaliação, 67, 68
    itens para, 68

B

Banca avaliadora, 56, 57
    competências dos membros da, 57

C

Capa, 22, 23
Comparação múltipla de médias, 12, 13
Conclusão, 49, 50
Coordenador, competências do, 3
Cronograma de atividades, 6

D

Dedicatória, 28, 29
Desenvolvimento teórico, 40-42

E

Efeito principal, 13
Escrever, 42-44
Estrutura do trabalho acadêmico, normas para, 22
Experimento(s)
    com apenas um fator, 8
    com três fatores, 15-17
    com vários fatores, 13-17

F

Fatorial completo, 13

Folha
    de aprovação, 25, 27
    de rosto, 25, 26

G

Gestação e desapego, 73
Grupo de alunos nos cursos das ciências exatas, 2

H

Hipótese, 6, 7

I

Introdução, 38, 39

L

Lista
    de abreviaturas, siglas e símbolos, 33
    de ilustrações, 30, 31
    de tabelas, 31-33

M

Material, 44, 45
Método, 45-48
Metodologia, 44-48
Monografia, 2

N

Não escrever, 43, 44
Normas
    Brasileiras de Referência (NBR), 22
    para estrutura do trabalho acadêmico, 22

O

Objetivo
    específico, 39, 40
    geral, 39, 40
Orientador
    competências do, 3
    definição do, 3, 4

P

Parte pré-textual, 25
Planejamento
    experimental, 8-19
    fatorial, 2^k, 17-19
        com dois fatores, 14, 15
    tipo de, 8-11
Plano de trabalho, 7, 8

R

Referência, 51-53
Referencial teórico, 40-42
Referenciar, 42-44
Relatório de conclusão de curso, 2
Resultado e discussão, 48, 49
Resumo
    em língua estrangeira, 30
    na língua vernácula, 28-30
Revisão bibliográfica, 40-42
Rito de passagem, 70, 71
Roteiro de apresentação, 58-67

S

Significância, 8
Soma
    dos quadrados do erro, 18
    total dos quadrados, 18
Sugestões para futuros trabalhos, 50, 51
Sumário, 34, 35

T

TCC
    apresentação do, 57, 58
    nas ciências exatas, 2
    parte experimental do, 5
    processo de construção do, 56
    publicações pós-, 68
    sentimentos ocultos ao, 70-73
    sessão da apresentação do, 56-68
Tema, escolha do, 4, 5
Título, 24, 25
    características do, 24

Pré-impressão, impressão e acabamento

grafica@editorasantuario.com.br
www.editorasantuario.com.br
Aparecida-SP